中等职业学校示范校建设成果教材

# 机械识图与制图

主　编　游明军
副主编　张仁英

机械工业出版社

本书是根据教育部《中等职业教育改革创新行动计划（2010—2012年)》（教职成［2010］13号）和《关于实施国家中等职业教育改革发展示范学校建设计划的意见》（教职成［2010］9号）的要求，结合职业教育的特点及编者多年的教学经验而编写的。本书以识图为中心，强调以画促读、画读结合、做中学习、学以致用。内容安排采取任务引领式，即先给出学习任务，而后辅以相关知识及拓展知识。主要内容包括：绪论、识读和绘制平面图形、识读和绘制基本几何体三视图及轴测图、识读和绘制截交线及相贯线、识读和绘制组合体三视图、识读和绘制机械零件、识读和绘制标准件与常用件、识读零件图、识读装配图。

本书配有课业活页，适合于中等职业学校、技工学校等工科类各专业的教学使用。

## 图书在版编目（CIP）数据

机械识图与制图/游明军主编. —北京：机械工业出版社，2014.7
中等职业学校示范校建设成果教材
ISBN 978-7-111-47455-5

Ⅰ.①机…　Ⅱ.①游…　Ⅲ.①机械图-识别-中等职业学校-教材②机械制图-中等专业学校-教材　Ⅳ.①TH126

中国版本图书馆 CIP 数据核字（2014）第 168294 号

机械工业出版社（北京市百万庄大街22号　邮政编码 100037）
策划编辑：张云鹏　责任编辑：张云鹏　杨　璇　版式设计：赵颖喆
责任校对：陈立辉　封面设计：马精明　　　　　责任印制：李　洋
北京华正印刷有限公司印刷
2014 年 10 月第 1 版第 1 次印刷
184mm×260mm·19.25 印张·463 千字
0001—1500 册
标准书号：ISBN 978-7-111-47455-5
定价：49.00 元（含习题集）

# 前　言

　　"机械识图与制图"是一门既有基本理论又具有较强实践性的专业基础课。它是一门以研究绘制工程图样、贯彻国家制图有关标准为主要内容的课程。本课程的目的是研究绘制和阅读工程图样的原理和方法，为培养学生的识图、制图技能和空间想象能力打下必要的基础。本课程的主要任务如下。

　　1）培养三种基本能力，即绘图、读图和查阅国家标准的基本能力。

　　2）培养三种分析能力，即空间分析及投影分析的能力、二维图形与三维图形间的相互转换能力。

　　3）培养一种技能，即具有手工绘图技能。

　　4）培养工程文化素质，即认真负责、严谨细致的工作态度和工作作风。

　　本书有以下特点。

　　1）体现"做中学、学中做、学反复、反复学"。本书采取先布置学习任务，然后学生（员）在课业活页上跟着老师做一遍，课后学生（员）独立再做一遍的教学方式。每个学习任务最后都有一定量的拓展让学生练习。

　　2）以"简明实用"为编写宗旨，以"必需和够用"为度，叙述力求简明精练。

　　3）图文并茂，内容丰富。

　　4）贯彻新的国家标准。

　　本书由重庆工业学校游明军担任主编，负责编写绪论、学习情景一至学习情景四和附录。张仁英担任副主编，负责编写学习情景五和学习情景六。此外，参与编写的还有肖波（负责编写学习情景七）和蒋秋莎（负责编写学习情景八）。

　　由于编者水平有限，书中难免存在错误和疏漏之处，欢迎广大读者批评指正。

编　者

# 目　录

# 绪　　论

1. 初步认识机械图样

指出图 0-1 所示各部分的名称。

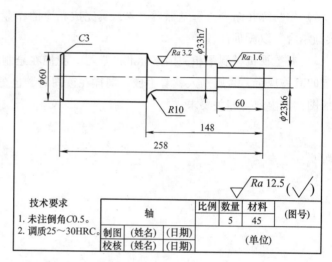

图 0-1　轴的立体图和零件图

2. 为什么要学习机械制图

修建房子需要房屋建筑图样。在工厂里工人加工零件需要零件图样。图样就是根据投影原理、标准或有关规定绘制，用以正确地表达机械、建筑物、仪器等的形状、结构和大小的技术文件。图样是现代生产中重要的技术文件，是人们用以表达和交流技术思想的重要工具。图样是工程技术界的语言，如同人类使用的语言一样。

机械制造领域中使用的图样称为机械图样。本课程就是研究识读和绘制机械图样的原理和方法的一门重要技术基础课。作为机械制造和生产管理一线的高素质操作人员，必须熟练掌握机械图样的有关知识。

3. 本课程的性质和任务

本课程是中等职业教育工程技术类各专业的一门重要的专业基础课。本课程的主要任务是培养学生具有一定的识（读）图能力、空间想象能力和绘图能力。

4. 本课程的教学目标

（1）知识教学目标

1）掌握与机械制图相关的国家标准。

2）灵活地应用正投影的基本规律，用形体分析法和线面分析法分析图形。

（2）能力培养目标　能看懂中等复杂程度的零件图。

（3）思想教育目标

1）教育学生先学会做人，再学会做事。

2）培养学生一丝不苟的工作作风、认真负责的工作态度和吃苦耐劳的工作精神。

5. 本课程的学习方法

1）让学生树立"我能行"的思想。

2）要细心和耐心。对于本课程来说，细心和耐心尤为重要，它是能否学好本课程的关键心理因素。

3）本课程的实践性很强，要注意理论与实践相结合。

4）学与练相结合。每堂课后，要认真完成相应的作业，才能使所学知识得到巩固，要"读画结合、以画促读"。

5）要重视机械制图相关国家标准的学习。我们在绘制机械图样时，必须严格遵守国家标准的有关规定，否则别人就看不懂；同样在读图时，也要遵循国家标准，这样才能更好地理解图样的内容与相关要求。

# 学习情景一　识读和绘制平面图形

## 学习任务1　学会使用绘图工具

1. 削绘图铅笔并画线

参照图1-1削2B或B铅笔，并在《机械识图与制图课业活页》的相应位置绘制三条约0.7mm宽的直线。

参照图1-2削HB、H或2H铅笔，并在《机械识图与制图课业活页》的相应位置绘制三条约0.35mm宽的直线。

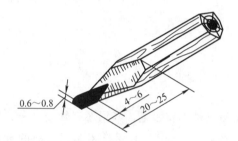

图1-1　B、2B铅笔的削法

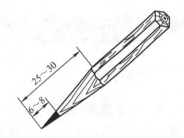

图1-2　HB、H、2H铅笔的削法

2. 图板、丁字尺和三角板的使用

清洁图板和丁字尺，参照图1-3将图纸贴放于图板上，用丁字尺在上面画至少三条水平平行线。

图1-3　图板和丁字尺的使用方法

参照图1-4，用三角板配合丁字尺在《机械识图与制图课业活页》的相应位置绘制45°、60°、90°及与水平线成15°的直线各一条。

### 3. 圆规的使用

参照图1-5装好圆规的铅笔芯，然后在《机械识图与制图课业活页》的相应位置绘制三个不同直径的圆。

图1-4　三角板的使用方法　　　　　　　　图1-5　圆规的使用方法

## 相关知识及拓展知识

### 一、绘图铅笔

铅笔对画图质量有重要的影响。正确的绘图铅笔是木质铅笔，其铅芯有软硬之分，"H"表示硬铅芯，其前的数字越大，则铅芯越硬，直径越小；"B"表示软铅芯，其前的数字越大，则铅芯越软，直径就越大；"HB"表示中软铅芯。

画粗实线，推荐使用B或2B铅笔。为了保证粗实线的宽度均匀，其前端应削为矩形，如图1-1所示。窄边的宽度就是所画粗实线的宽度，每次开始加深图线时，应该试画其宽度，看是否合适。

画细线，如细实线、虚线、细点画线，推荐使用HB铅笔，HB铅笔的前端削成圆锥形，不可太尖，否则容易折断铅芯，如图1-2所示。由于HB铅笔是削成圆锥形的，画细长线的时候，为了保证细长线宽度的大体一致，应该连续地转动铅笔。

H、2H铅笔也要削成圆锥形，其主要用作绘制底图。画图线的时候要轻，使线条要尽可能的细，为加深最终的图线做准备。

### 二、图板、丁字尺、三角板

#### 1. 图板

图板是用来铺放图纸的。在绘制图样的时候，要求图面平整光滑，没有缺陷，木质图板具有一定弹性，画图时可具有一定的手感，使得图线容易处理。图板的左侧为导边，丁字尺尺头贴紧此边上下滑动，故在使用中应注意保护，不要损伤，确保平直。

图板依据所绘图样的幅面尺寸，分为A0号、A1号和A2号三种。

在做练习的时候，应将《机械识图与制图课业活页》中的作业纸取下，放平在图板上进行绘图，可以减少误差，保证图面的精度。

图纸应用胶带纸固定在图板上，确保画图时图纸不会移位，如图1-3所示。

2. 丁字尺

丁字尺经常与图板配合使用，主要用于画水平线和作为三角板移动的定位边。

丁字尺由尺头和尺身组成，尺头的内侧边与尺身的刻线工作边必须平直，并保证相互垂直，尺头和尺身结合处应该牢固。使用时应该将尺头内侧紧靠在图板的左边，上下运动来画横线。移动丁字尺时，用左手压紧尺头，右手扶住尺身，随时注意尺头内侧与图板的导边是否贴紧，只有贴紧之后才可以画线。

丁字尺也可以与三角板配合使用，以画各种特定角度的直线，如45°、60°及与水平线成15°倍角的直线，如图1-4所示。

3. 三角板

一副三角板是由两块具有45°及30°、60°的直角三角形板所组成。绘制各种方位的直线时，往往需要使用三角板，特别是两三角板配合作过指定点已知直线的平行线和垂直线。需要熟练地掌握其使用方法。

三角板在使用中，要经常保持清洁，以免三角板在图纸上移动时弄污图面。

### 三、绘图仪器

1. 圆规

圆规分为大圆规和弹簧圆规，如图1-6所示。

通常，大圆规是画圆或圆弧的工具。大圆规的两条腿，一条装有铅笔芯，一条装有钢针。钢针的两端是不一样的，如图1-7所示，一端是画圆定心端，有一个台阶，限定其深度；另一端是大圆规作为分规使用的分规端。

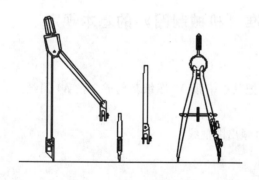

图1-6　大圆规和弹簧圆规

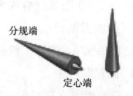

图1-7　大圆规的钢针

装有铅笔芯的腿在画大直径圆时可以更换为延伸杆。学生使用的绘图仪器往往配有两个软硬不同的铅笔芯，作为画粗线和细线时使用。大圆规铅笔芯主要是在砂皮上磨成铲形。画圆的时候需要经常打磨铅笔芯，这样才可以画出符合要求的线型。

一般的大圆规在画半径小于5mm的圆时比较困难，此时可以使用弹簧圆规或点圆规来画小圆。

在使用圆规时，先调整铅笔芯宽度和长度，再调整针芯长度，使定心针尖略长于铅笔芯前端；右手握住圆规头部，左手食指协助针尖对准圆心并插入钢针，调整好半径；保持针尖和纸面垂直，顺时针方向匀速转动圆规，画出圆弧，如图1-5所示。

图1-8所示为画大圆弧时，使用延伸杆的情形，铅芯和钢针应该垂直于纸面。

2. 分规

分规是用来量取或等分线段的工具。使用时，应该调整好两个钢针，使其等长，便于度量，如图1-9所示。

可用分规在量具上量取尺寸，再移到图纸上用钢针定位，就可以画出线段长度；在绘制图样的过程中经常要确保等长线段，这时也经常使用分规，如左视图和俯视图的宽度方向的度量。

在线段上任意等分其长度时也经常使用分规，如图1-10所示。

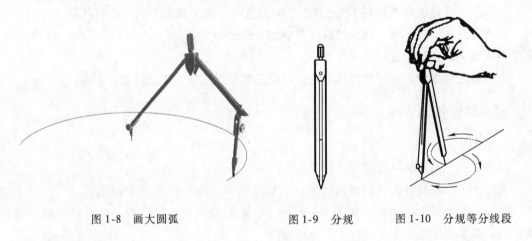

图1-8　画大圆弧　　　　　　图1-9　分规　　　图1-10　分规等分线段

# 学习任务2　学习国家标准《机械制图》的基本规定

1. 裁剪图纸

把一张A0图纸裁剪成8张A3图纸，再把其中一张A3图纸裁剪成2张A4图纸。

2. 绘制图框线

先把一张A4图纸正确贴到绘图板上，再画出图框线。

3. 画标题栏

把标题栏画在图框的右下角。

4. 书写图样的字体

填写标题栏。

5. 填写图样的比例

把比例值填入标题栏中，然后取下图纸备用。课后再做一张备用。

6. 线型练习

在《机械识图与制图课业活页》的相应位置上抄画图1-11和图1-12所示的线型，要求粗实线线宽约为 0.7mm，其余线宽约为 0.35mm。尺寸在图中实际量取并取整，注意图的细节。

7. 标注图样的尺寸

标注图 1-13 中的尺寸，尺寸在图中实际量取并取整。

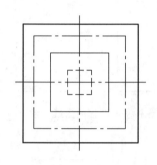

图 1-11　线型练习一

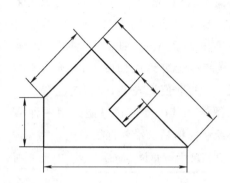

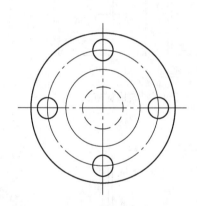

图 1-12　线型练习二

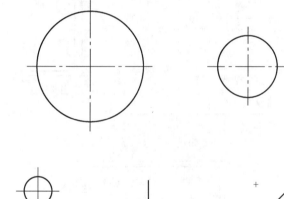

图 1-13　尺寸标注

## 相关知识及拓展知识

### 一、图纸幅面及格式

1. 图纸幅面

绘制技术图样时，应优先采用 GB/T 14689—2008 中规定的基本幅面。A0：841mm×1189mm；A1：594mm×841mm；A2：420mm×594mm；A3：297mm×420mm；A4：210mm×297mm。

各种基本幅面的图纸关系如图 1-14 所示。

必要时，幅面允许加长，但加长量必须符合 GB/T 14689—2008 中的规定，即加长幅面的尺寸是由基本幅面的短边成整数倍增加后得出。

2. 图框格式

图纸中的图框由内、外两框组成，外框用细实线绘制，大小为幅面尺寸，内框用粗实线绘制，内外框周边的间距尺寸与格式有关，见表 1-1。图框格式分为有装订边和无装订边两种。有装订边如图 1-15 所示，图框周边尺寸 $a$、$c$ 的取值见表 1-1，一般采用 A4 竖装或 A3 横装；无装订边如图 1-16 所示，图框周边尺寸 $e$ 的取值见表 1-1。但应注意，同一产品的图样，其图框格式只能采用一种格式。图样绘制完毕后应沿外框线裁边。

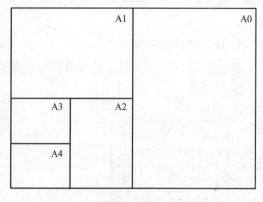

图 1-14　各种基本图幅的图纸关系

表 1-1　图框尺寸 （单位：mm）

| 幅面代号 | $B \times L$ | $e$ | $c$ | $a$ |
|---|---|---|---|---|
| A0 | 841×1189 | 20 | 10 | 25 |
| A1 | 594×841 | | | |
| A2 | 420×594 | | | |
| A3 | 297×420 | 10 | 5 | |
| A4 | 210×297 | | | |

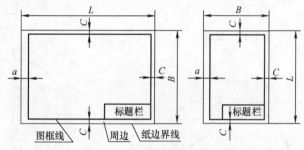

图 1-15　有装订边图纸的图框格式

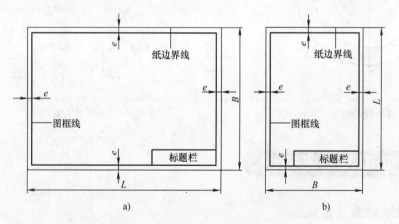

图 1-16　无装订边图纸的图框格式
a）横装　b）竖装

## 二、标题栏和明细栏 （GB/T 10609.1—2008、GB/T 10609.2—2009）

国家标准 GB/T 10609.1—2008 对标题栏进行了明确的规定，国家标准 GB/T 10609.2—2009 对明细栏进行了明确的规定。学校中学生常用的标题栏和明细栏如图 1-17 所示，工厂里常用的标题栏和明细栏如图 1-18 所示。

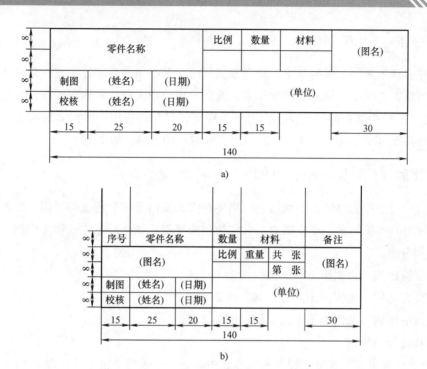

图 1-17　学生常用的标题栏和明细栏

a）标题栏　b）明细栏

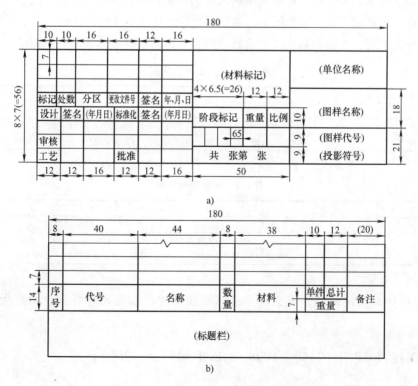

图 1-18　工厂里常用的标题栏和明细栏

a）标题栏　b）明细栏

### 三、字体（GB/T 14691—1993）

在图样和技术文件上书写汉字、数字和字母时，都必须做到字体工整、笔画清楚、间隔均匀、排列整齐。汉字应写成长仿宋体字，并应采用中华人民共和国国务院正式公布推行的《汉字简化方案》中规定的简化字。在同一图样上，只允许选用一种型式的字体。字体的号数即字体的高度（$h$），分为 1.8、2.5、3.5、5、7、10、14、20 八种。

### 四、比例（GB/T 14690—1993）

零件图一般按照实物的大小画出，但当零件太大或由于复杂程度等原因，图形应分别采用缩小或放大的方法画出。图中图形与其实物相应要素的线性尺寸之比称为比例。

1. 比例分类

（1）原值比例　比例为 1 的比例，如 1:1。

（2）放大比例　比例大于 1 的比例，如 2:1 等。

（3）缩小比例　比例小于 1 的比例，如 1:2 等。

2. 选择比例的原则

1）当表达对象的形状复杂程度和尺寸适中时，一般采用原值比例，即 1:1 绘制。

2）当表达对象的尺寸较大时应采用缩小比例，但要保证复杂部位清晰可读。

3）当表达对象的尺寸较小时应采用放大比例，使各部位清晰可读。

4）尽量优先选用表 1-2 中的比例，必要时允许选用表 1-3 中的比例。

5）选择比例时，应结合幅面尺寸选择，综合考虑其最佳表达效果和图面的审美价值。

表 1-2　优先选用的比例

| 种　类 | 比　例 | | | | | |
|---|---|---|---|---|---|---|
| 原值比例 | 1:1 | | | | | |
| 放大比例 | 5:1 | 2:1 | $5 \times 10^n:1$ | $2 \times 10^n:1$ | $1 \times 10^n:1$ | |
| 缩小比例 | 1:2 | 1:5 | 1:10 | $1:2 \times 10^n$ | $1:5 \times 10^n$ | $1:1 \times 10^n$ |

注：$n$ 为正整数。

表 1-3　允许用的比例

| 种　类 | 比　例 | | | | |
|---|---|---|---|---|---|
| 放大比例 | 4:1 | 2.5:1 | $4 \times 10^n:1$ | $2.5 \times 10^n:1$ | |
| 缩小比例 | 1:1.5 | 1:2.5 | 1:3 | 1:4 | 1:6 |
| | $1:1.5 \times 10^n$ | $1:2.5 \times 10^n$ | $1:3 \times 10^n$ | $1:4 \times 10^n$ | $1:6 \times 10^n$ |

注：$n$ 为正整数。

不管采用什么比例画图，图上尺寸仍然要按零件的实际尺寸标注，角度大小与比例无关。

### 五、图线（GB/T 17450—1998、GB/T 4457.4—2002）

1. 机械图样中最常用的线型及应用

在图样上物体的形状是用各种不同的图线画成的。为了使图线清晰和便于识图，国家标准对图线做了规定。绘制图样时，应采用表1-4中规定的图线。

表1-4　机械图样中最常用的线型及其一般应用

| 名　　称 | 线　　型 | 宽　度 | 一般应用 |
|---|---|---|---|
| 粗实线 | —————— | $d$ | 可见轮廓线、剖切符号用线等 |
| 细实线 | —————— | $d/2$ | 尺寸线、尺寸界线、剖面线等 |
| 波浪线 | ∿ | $d/2$ | 断裂处的边界线、视图和剖视图的分界线等 |
| 细虚线 | – – – – – | $d/2$ | 不可见轮廓线等 |
| 细点画线 | — · — · — | $d/2$ | 轴线、对称中心线等 |
| 粗点画线 | ━ · ━ · ━ | $d$ | 限定范围表示线 |
| 细双点画线 | — ·· — ·· — | $d/2$ | 中断线、相邻辅助零件的轮廓线等 |

　　绘制机械图样的图线分粗、细两种。粗线的宽度（$d$）应按图样的类型和尺寸大小在 0.5～2mm 选择，细线的宽度为 $d/2$。

　　图线宽度的系列为 0.13mm、0.18mm、0.25mm、0.35mm、0.5mm、0.7mm、1mm、1.4mm、2mm。

　　在 AutoCAD 中建议粗线的宽度选 0.30mm（与打印有关）。

　　最常用的线型及其部分应用如图1-19所示。

图1-19　最常用的线型及其部分应用

2. 绘制图线的注意事项

1）虚线与任何线条相交时，应以线段相交，不得留有空隙。

2）虚线为粗实线的延长线时，不得以线段相接，应留有空隙，以表示两种图线的分界。图线接头处的画法，如图1-20所示。

3）点画线与任何线条相交时应以长画相交，如图1-20、图1-21所示。画圆时，中心线

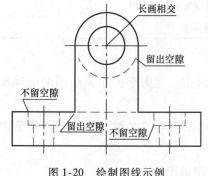

图1-20　绘制图线示例

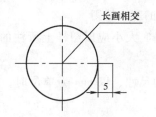

图1-21　中心线的画法

应超出圆周 2~5mm，如图 1-21 所示。

4）较小的圆形其中心线可用细实线代替，中心线超出圆周 1~3mm，如图 1-21 所示。

## 六、尺寸注法（GB/T 4458.4—2003、GB/T 16675.2—1996）

一个标注完整的尺寸应标注出尺寸数字、尺寸线和尺寸界线。尺寸数字表示尺寸的大小，尺寸线表示尺寸的方向，而尺寸界线则表示尺寸的范围，如图 1-22 所示。

**1. 线性尺寸数字的注写方向**

线性尺寸数字的注写方向如图 1-23 所示，并尽可能避免在图示30°范围内标注尺寸，当无法避免时可引出标注。

**2. 角度尺寸数字的注写**

标注角度时，角度尺寸数字一律写成水平方向，一般注写在尺寸线的中断处，必要时也可按图 1-24 所示的形式标注。

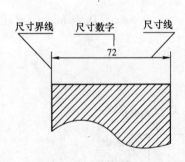

图 1-22　尺寸的构成

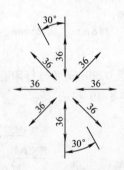

图 1-23　线性尺寸数字的注写方向

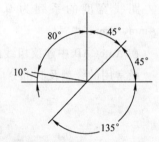

图 1-24　角度尺寸数字的注写

**3. 尺寸标注常用的符号或缩写词（表 1-5）**

表 1-5　常用的符号和缩写词

| 名称 | 符号或缩写词 | 名称 | 符号或缩写词 |
|---|---|---|---|
| 直径 | φ | 厚度 | $t$ |
| 半径 | $R$ | 正方形 | □ |
| 球直径 | $S\phi$ | 45°倒角 | $C$ |
| 球半径 | $SR$ | 深度 | ↓ |
| 弧长 | ⌒ | 沉孔或锪平 | ⊔ |
| 均布 | EQS | 埋头孔 | ∨ |

**4. 标注尺寸的基本规则**

1）机件的真实大小应以图样上所注的尺寸数值为依据，与图形大小及绘图的准确度无关。

2）图样中的尺寸，以 mm 为单位时，不需要标注单位符号或名称（表面粗糙度值以 μm 为单位）。

3）每个尺寸只标注一次，并标注在反映该部分最清晰的图形上。

4）尺寸界线用细实线从图形的轮廓线、中心线或轴线处引出，一般与尺寸线垂直。

5）标注圆的直径或半径尺寸时，须在数字前分别加注符号 φ 或 R。

5. 尺寸标注的注意事项

1）在进行尺寸标注时，尺寸数字不可以被任何图线所通过，否则必须将该图线断开。

2）标注参考尺寸时，应将尺寸数字加上圆括弧。

3）标注板状零件的厚度时，可在尺寸数字前加注符号"t"，如图 1-25 所示。

6. 尺寸标注的特殊情况

1）当圆弧的半径过大或在图纸范围内无法标出其圆心位置时，可将圆心移到近处示出，将半径的尺寸线画成折线，如图 1-26 所示。

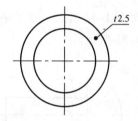

图 1-25　板状零件厚度的注法

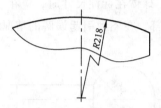

图 1-26　圆弧半径过大时的尺寸注法

2）小尺寸的尺寸注法。在图样上进行尺寸标注时，如果没有足够的位置画箭头或注写尺寸数字时，可按图 1-27 所示形式标注。

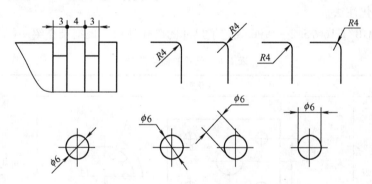

图 1-27　小尺寸的尺寸注法

3）圆弧的长度。标注弧长时，应在尺寸数字左方加注符号"⌒"，如图 1-28 所示。

4）正方形结构的尺寸注法。标注剖面为正方形结构的尺寸时，可在正方形边长尺寸数字前加注符号"□"（符号"□"是一种图形符号，表示正方形），如图 1-29 所示。

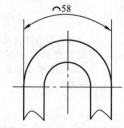

图 1-28　弧长的尺寸注法

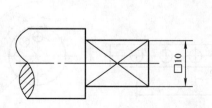 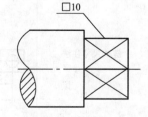

图 1-29　正方形结构的尺寸注法

**7. 特定要求的尺寸注法**

1）45°倒角。图1-30中的 *C* 表示45°倒角，"3"表示倒角的宽度。

2）退刀槽。图1-31中的退刀槽可用槽宽×直径或槽宽×槽深表示。

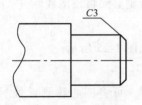

图1-30　倒角的注法

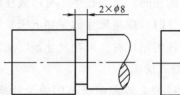

图1-31　退刀槽的注法

3）球体在标注尺寸时，应在"*ϕ*"或"*R*"前加"*S*"，如图1-32所示。对于铆钉等零件的头部，在不致引起误解的情况下可省略符号"*S*"，如图1-33所示。

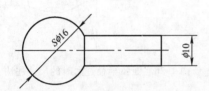

图1-32　球体的尺寸注法

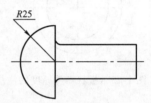

图1-33　铆钉头部的尺寸注法

**8. 尺寸简化注法**

国家标准 GB/T 16675.2—1996 规定了尺寸的简化注法，现摘录介绍一部分，见表1-6。

表1-6　尺寸的简化注法

| 简化注法内容 | 简化图例 | 说　明 |
|---|---|---|
| 从同一基准出发的尺寸简化注法 | | 可从基准点0出发按图示形式连续用单向箭头标出 |
| 链式尺寸注法 | | 间隔相等的链式尺寸可简化成图示方法标注，但在总尺寸处必须加圆括弧 |

（续）

| 简化注法内容 | 简化图例 | 说　明 |
|---|---|---|
| 一组同心圆弧或圆心位于一条直线上的多个不同心圆弧半径尺寸注法 | 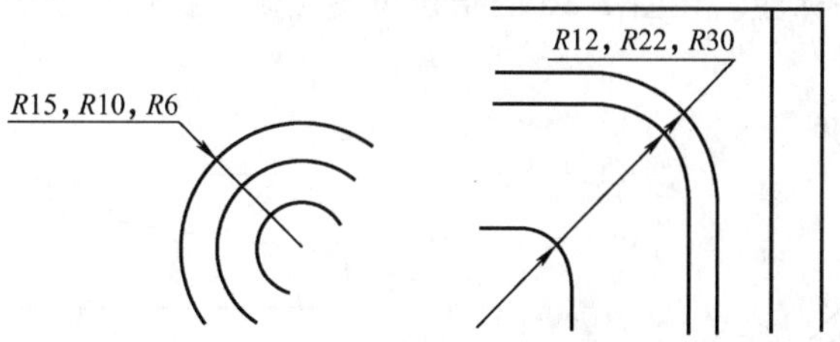 *R15, R10, R6*　　*R12, R22, R30* | 可采用共用的尺寸线，按顺序由小到大或由大到小依次标注出不同的半径数值 |
| 同心圆或同轴台阶孔注法 | 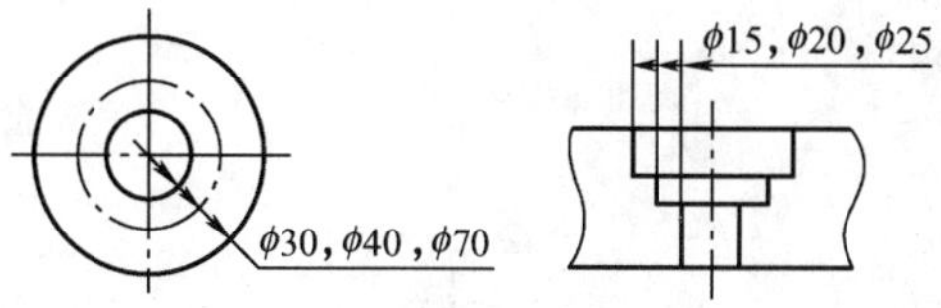 $\phi30,\phi40,\phi70$　　$\phi15,\phi20,\phi25$ | 可采用共用的尺寸线，按顺序由小到大依次标注出不同的直径数值 |
| 台阶轴直径注法 | 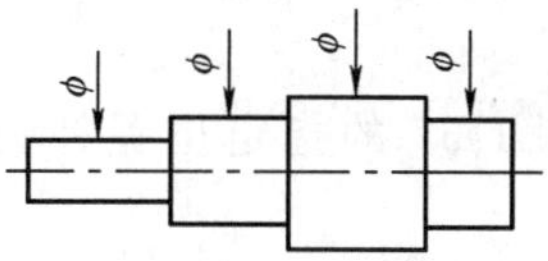 $\phi$　$\phi$　$\phi$　$\phi$ | 可采用带箭头的指引线 |
| 均匀分布的成组要素注法 | 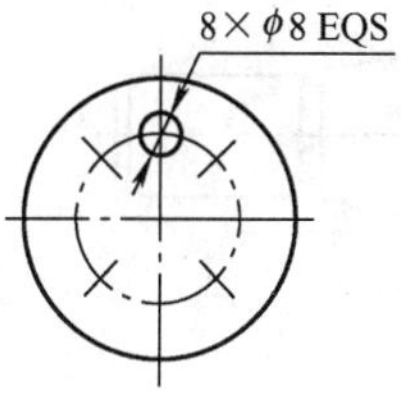 $8\times\phi8\,EQS$ | 可只在一个要素上标注其尺寸和数量，并注写"均布"缩写词"EQS" |
| 圆锥销孔注法 | 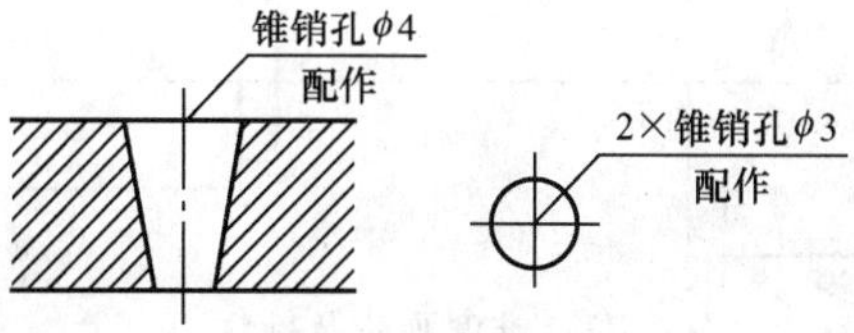 锥销孔$\phi4$ 配作　　$2\times$锥销孔$\phi3$ 配作 | 圆锥销孔均采用旁注法，所注直径是指配作的圆锥销的公称直径 |
| 采用指引线注尺寸 | 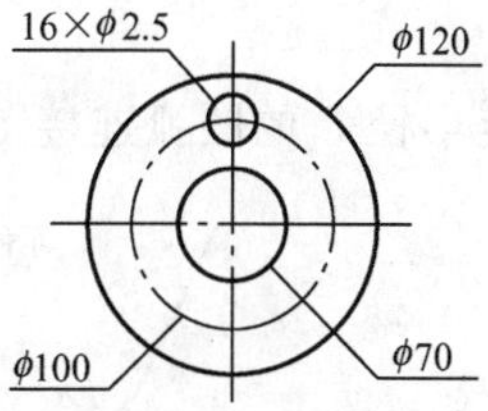 $16\times\phi2.5$　$\phi120$　$\phi100$　$\phi70$ | 标注圆的直径尺寸时，可采用不带箭头的指引线 |

## 学习任务3　几何作图

1. 线段和圆的等分

1）线段的等分。请对图 1-34 所示线段 *AB* 七等分。

2）圆的等分。作图 1-35 所示圆的内接正五边形。

2. 斜度和锥度的画法与标注

图 1-34　线段的七等分

1）画带斜度的图并标注。在图 1-36 的指定位置按 1:1 比例绘制图中所给出的图形并标注斜度。

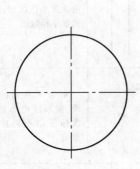

图 1-35　圆的五等分

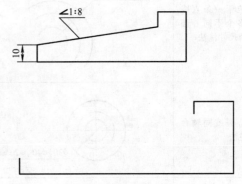

图 1-36　斜度画法及标注

2）画带锥度的图并标注。在图 1-37 的指定位置补画图中所给出的锥度图形并标注锥度。

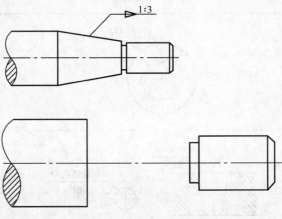

图 1-37　锥度画法及标注

3. 绘制圆弧连接

1）用圆弧连接两条直线。作给定半径 $R$ 的圆弧连接图 1-38 所示两直线。

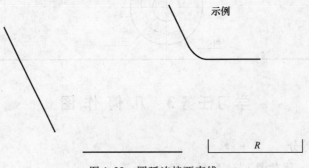

图 1-38　圆弧连接两直线

2）用圆弧连接两圆。作给定半径 R 的圆弧与图 1-39 所示两圆外切。

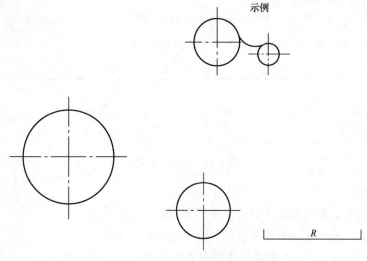

图 1-39　圆弧外连接两圆

作给定半径 R 的圆弧与图 1-40 所示两圆内切。

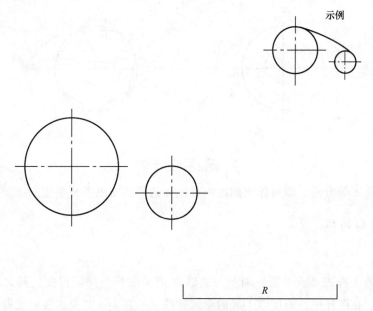

图 1-40　圆弧内连接两圆

## 相关知识及拓展知识

### 一、线段和圆的等分

1. 线段的等分

把已知线段 AB 7 等分，作图步骤如下。

1）如图 1-41a 所示，过端点 $A$ 作任一直线 $AC$，用圆规以相等的距离在直线 $AC$ 上量得 1、2、3、4、5、6、7 共七个等分点。

2）连接 $7B$，过 1、2、3、4、5、6 分别作线段 $7B$ 的平行线，与线段 $AB$ 相交即得 7 等分的各点 $1'$、$2'$、$3'$、$4'$、$5'$、$6'$，如图 1-41b 所示。

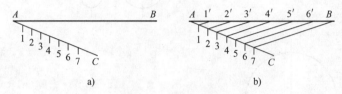

a)　　　　　　　　　b)

图 1-41　七等分线段

### 2. 圆的等分

如图 1-42 所示，把已知圆 7 等分，作图步骤如下。

1）把直径 $AB$ 七等分（若作 $n$ 边形，可 $n$ 等分）。

2）以点 $B$ 为圆心，$AB$ 为半径，画弧交 $CD$ 延长线于点 $M$ 和点 $N$。

3）自点 $M$ 和点 $N$ 与直径上奇数点（或偶数点）连线，延长至圆周，即得各分点 1、2、3、4、5、6、7。

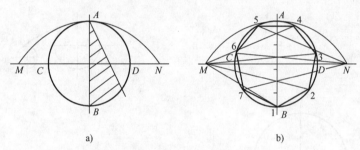

a)　　　　　　　　　b)

图 1-42　圆的七等分

当把一个圆 $n$ 等分后，即可作出圆的内接正 $n$ 边形，本书不再赘述。

## 二、斜度与锥度

### 1. 斜度

斜度定义为一直线（或平面）对另一直线（或平面）的倾斜程度，其大小是它们之间夹角的正切值。在图样中，斜度以 $1:n$ 的形式标注，并在 $1:n$ 之前加注斜度符号，其符号的方向应该与倾斜方向一致，如图 1-43 所示。图 1-43a 所示为斜度符号的画法，其中的 $h$ 为字高；图 1-43b 所示为斜度的标注。

斜度是依据尺寸来绘制特定方向的斜线。若已知斜度为 $1:6$，过点 $A$ 的作图步骤为：由点 $A$ 画水平线 $AB$，在 $AB$ 上用分规取六个单位长度得点 $D$，过点 $D$ 作 $AB$ 的垂直线 $DE$，取 $DE$ 为一个单位长度，连接点 $A$ 和点 $E$，即得斜度为 $1:6$ 的直线，如图 1-44 所示。

### 2. 锥度

锥度是正圆锥的素线对回转轴线的倾斜程度，即圆锥的底圆直径 $D$ 与圆锥高度 $L$ 之比，

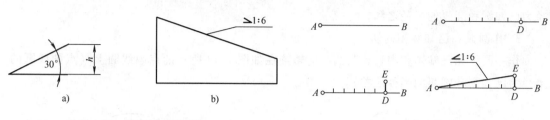

图 1-43　斜度符号和标注　　　　　　　　　图 1-44　斜度的画法

即 $D:L$；正圆台的锥度是两端底圆直径之差与两底圆间距离 $l$ 之比，即 $(D-d):l$。如图 1-45 所示。图 1-45a 所示为锥度的标注，一般写成 $1:n$ 的形式，锥度符号有方向要求，符号尖端应指向圆锥小端；图 1-45b 所示为锥度符号的画法。

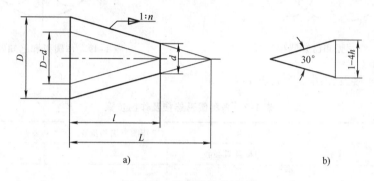

图 1-45　锥度符号和标注

锥度的画法：已知锥度，如 $1:6$，过指定点 $S$ 画图形，如图 1-46 所示，由点 $S$ 画水平线，用分规取六个单位长度得点 $O$；由点 $O$ 作 $SO$ 的垂线，分别向上和向下量取半个单位长度，得 $A$、$B$ 两点；分别过点 $A$、$B$ 与点 $S$ 相连，即得锥度为 $1:6$ 的正圆锥。

## 三、圆弧连接

圆弧连接有以下三种基本情况。

### 1. 作圆弧和已知直线相切

作一圆弧和已知直线 $AB$ 相切，其圆心的轨迹在如图 1-47 所示的点画线上。

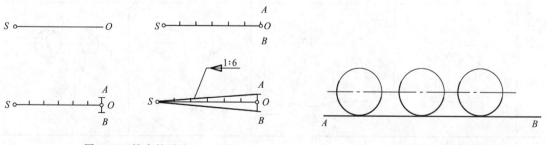

图 1-46　锥度的画法　　　　　　　　图 1-47　作圆弧和已知直线相切

### 2. 作圆弧和已知圆相外切

作一圆弧和已知圆相外切，其圆心的轨迹在图 1-48 所示的点画线圆上（点画线圆的半径为已知圆和圆弧的半径之和）。

3. 作圆弧和已知圆相内切

作一圆弧和已知圆相内切，其圆心的轨迹在如图 1-49 所示的点画线圆上（点画线圆的半径为已知圆和圆弧的半径之差）。

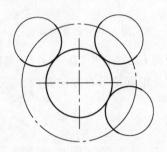

图 1-48　作圆弧和已知圆相外切

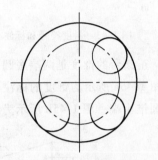

图 1-49　作圆弧和已知圆相内切

各种圆弧连接及作图步骤见表 1-7。

表 1-7　各种圆弧连接及作图步骤

| | 已知条件 | 作图方法和步骤 | | |
| --- | --- | --- | --- | --- |
| | | 求连接圆弧圆心 | 求切点 | 画连接弧 |
| 两直线间的圆弧连接 | | | | |
| 两圆间的圆弧连接 | | | | |
| | | | | |

## 四、椭圆的四心画法

已知椭圆的长、短轴，作椭圆的步骤如下。

1）如图 1-50a 所示，画椭圆的长轴 $AB$，短轴 $CD$，交点为 $O$。

2）如图 1-50b 所示，连接 $AC$，以点 $O$ 为圆心、$OA$ 为半径画弧，与 $CD$ 的延长线交于点 $E$。

3）如图 1-50c 所示，以点 $C$ 为圆心、$CE$ 为半径画弧，与 $AC$ 交于点 $F$。

4）如图 1-50d、e 所示，作 $AF$ 的垂直平分线，与长短轴分别交于点 $O_1$、$O_2$，再作对称点 $O_3$、$O_4$；$O_1$、$O_2$、$O_3$、$O_4$ 即为四段椭圆弧的圆心。

5）如图 1-50f 所示，分别作椭圆圆弧圆心的连线 $O_4O_1$、$O_2O_3$、$O_4O_3$、$O_2O_1$ 并延长。

6）如图 1-50g 所示，分别以 $O_1$、$O_3$ 为圆心，$O_1A$ 或 $O_3B$ 为半径画小圆弧 $K_1AK$ 和 $NBN_1$，分别以 $O_2$、$O_4$ 为圆心，$O_2C$ 或 $O_4D$ 为半径画大圆弧 $KCN$ 和 $N_1DK_1$（切点 $K$、$K_1$、$N_1$、$N$ 分别位于相应的圆心连线上），即完成近似椭圆的作图。

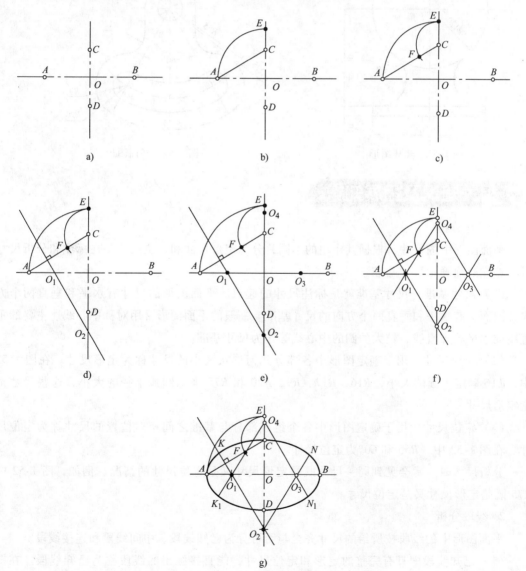

图 1-50　椭圆的四心画法

## 学习任务4　学习平面图形的尺寸分析及画法

1）用 A4 图纸按 1∶1 比例画出图 1-51 所示奖杯图形，并标注尺寸。要求布图好，图线光滑，作图正确。

2）用 A4 图纸按 1∶1 比例画出图 1-52 所示平面图形，并标注尺寸。要求画出图框，并完整填写标题栏。

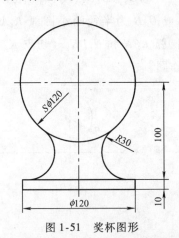

图 1-51　奖杯图形

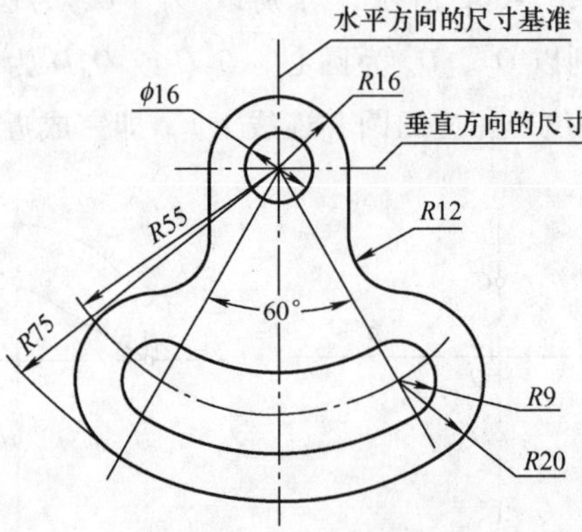

图 1-52　平面图形

### 相关知识及拓展知识

**1. 尺寸分析**

平面图形中的尺寸，根据其作用的不同，分为定形尺寸和定位尺寸。在标注和分析尺寸时，首先必须确定尺寸基准。

（1）尺寸基准　尺寸基准就是标注尺寸的起点。平面图形的尺寸有水平和垂直两个方向，因而就有水平和垂直两个方向的尺寸基准。一般的平面图形常用对称中心线、主要的垂直线或水平轮廓直线、较大的圆的中心线等作为尺寸基准。

（2）定形尺寸　用于确定图形中各部分几何形状大小的尺寸称为定形尺寸。在图 1-52 中，$\phi 16$ 确定小圆的大小，$R16$、$R12$、$R9$、$R20$ 和 $R75$ 确定圆弧半径的大小，这些尺寸都是定形尺寸。

（3）定位尺寸　用于确定图形中各个组成部分与基准之间相对位置的尺寸称为定位尺寸。在图 1-52 中，$R55$ 和 60°为定位尺寸。

分析尺寸时，常会见到同一尺寸既是定形尺寸又是定位尺寸的情况。例如，图 1-52 中 $R75$ 既是定形尺寸又是定位尺寸。

**2. 线段分析**

平面图形中的线段按所给的尺寸齐全与否可分为已知线段、中间线段和连接线段。

（1）已知线段　具有完整的定形和定位尺寸，能直接画出的线段称为已知线段。在图 1-52 中，$\phi 16$、$R16$、$R9$、$R20$、$R55$、$R75$ 为已知线段。

（2）中间线段 仅知道线段的定形尺寸部分定位尺寸，需借助与其一端相切的已知线段，求出圆心的另一个定位尺寸，然后才能画出的线段，称为中间线段。在图 1-52 中，$R(55+9)$ 和 $R(55-9)$ 是中间线段。

（3）连接线段 只有定形尺寸而无定位尺寸，需借助与其两端相切的线段才能求出圆心而画出的线段称为连接线段。在图 1-52 中，$R12$ 是连接线段。

3. 画平面图形的步骤

画平面图形时，必须首先进行尺寸分析和线段分析，然后按先画已知线段，再画中间线段和连接线段的顺序依次进行，才能顺利进行制图。例如画图 1-52 所示的平面图形，应按下列步骤进行。

1）画出基准线，并根据定位尺寸画出定位线，如图 1-53a 所示。

2）画出已知线段，如图 1-53b 所示。

3）画出中间线段，如图 1-53c 所示。

4）画出连接线段，如图 1-53d 所示。

检查并加深，如图 1-53e 所示。

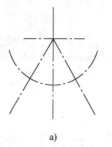

a)  b)

c)  d)

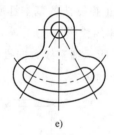

e)

图 1-53　画平面图形的步骤

# 学习情景二　识读和绘制基本几何体三视图及轴测图

## 学习任务 1　学习投影法的基础知识

1. 正投影法及其基本性质

1) 画水平、铅垂、倾斜直线在水平面中的投影。老师用圆规代表直线，摆三种位置的直线让学生画或学生用铅笔摆三种位置的直线自己画。

2) 老师用三角板摆三种位置的平面让学生画或学生用三角板摆三种位置的平面自己画。

3) 画长方体的一个投影。老师让学生画粉笔盒的一个投影。

4) 总结正投影法的基本性质。

2. 几何体的投影

按图 2-1 所示细实线方向投射，并画出图中三个物体的相应视图。回答：一个视图能否完整表达一个物体？

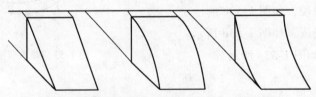

图 2-1　一个视图能否完整表达物体形状和大小

## 相关知识及拓展知识

1. 正投影法概念

我们在太阳下走路，会在地面上产生我们的影子。人们对这种现象进行研究并总结出其中的规律，便形成了投影法。

投射线通过物体，向选定的面进行投射并在该面上得到图形的方法，称为投影法。平行投射线与投影面垂直时称为正投影法，根据正投影法所得的图形称为正投影或正投影图，如图 2-2 所示。

由于正投射法的投射线相互平行且垂直于投影面，利用正投影可以表达物体各方向表面的真实形状和大小，且作图简便。因此，正投影法是绘制机械图样最常用的方法。本书就采用正投影法。

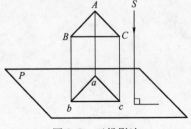

图 2-2　正投影法

**2. 正投影法的基本性质**

1）真实性。平面图形（或直线段）与投影面平行时，其投影反映实形（或实长），如图 2-3 所示。

2）积聚性。平面图形（或直线段）与投影面垂直时，其投影积聚为一条直线（或一个点），如图 2-4 所示。

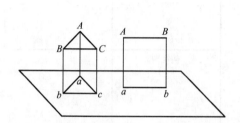

图 2-3　平面图形、直线段平行
于投影面时的投影

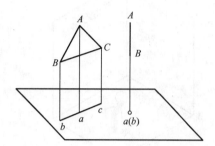

图 2-4　平面图形、直线段垂直
于投影面时的投影

3）类似性。平面图形（或直线段）与投影面倾斜时，其投影变小（或变短），但投影的形状仍与原来形状相类似，如图 2-5 所示。

**3. 几何体的投影**

在绘制机械图样时，通常将正投影图称为视图。只有一个视图是不能完整地表达物体的形状的。如图 2-6 所示，几个形状不同的物体，它们在投影面上的视图完全相同。因此，必须从几个方向进行投射，同时用几个视图才能完整地表达物体的形状。

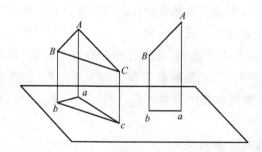

图 2-5　平面图形、直线段倾斜
于投影面时的投影

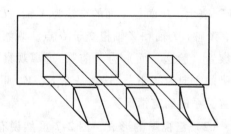

图 2-6　一个视图不能确定物
体的形状和大小

## 学习任务 2　掌握三视图的形成

1. 画长方体的三视图（长 50mm，宽 30mm，高 25mm）

1）观察三投影面体系（图 2-7）。

2）画长方体的三视图并在表面取点。

2. 三视图的投影规律

1）说出三视图摆放位置规律。

2）说出三视图方位关系。在图2-8中填上正确的方位（前、后、左、右、上、下）。

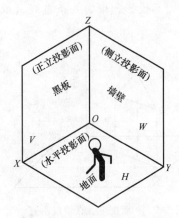

图2-7　三投影面体系

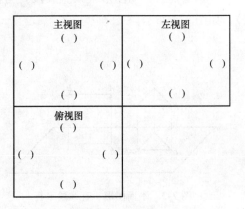

图2-8　三视图的方位关系

3）总结三视图尺寸关系规律并思考如何保证这些尺寸关系规律。

## 相关知识及拓展知识

1. 三视图的形成

（1）位置关系　我们学习机械制图，最重要的是要搞清楚物体的位置关系。如图2-7所示，一观察者站在教室里面，脸朝向黑板。此时，地面称为水平投影面，用字母"$H$"表示；黑板称为正立投影面，用字母"$V$"表示。观察者右面的墙壁称为侧立投影面，用字母"$W$"表示。$H$面与$V$面的交线为$X$轴，$H$面与$W$面的交线为$Y$轴，$V$面与$W$面的交线为$Z$轴，$X$轴、$Y$轴和$Z$轴相交于$O$点。观察者的左面为"左"，观察者的右面为"右"，靠近观察者（脸这一面）为"前"，远离观察者为"后"，往观察者头顶方向为"上"，往观察者脚的方向为"下"，这就是在$H$、$V$、$W$三投影面体系中，前、后、左、右、上、下六个位置关系的确定情况。

（2）三视图的形成　图2-7虽然说有立体感，但绘图很不方便。为此我们作出如下变动：$V$面保持不动，$H$投影面绕$X$轴向下转90°，使其与$V$面在同一平面内，$W$投影面绕$Z$轴向右转90°，使其与$V$面在同一平面内，因而三个投影面都在同一平面内，得到如图2-9所示的结果。我们把一个物体放在三投影面体系中，得到的三个视图分别是：主视图——物体在$V$面上的投影；俯视图——物体在$H$面上的投影；左视图——物体在$W$面上的投影。

空间的点、线和面所用字母一律大写，如"$A$、$B$、

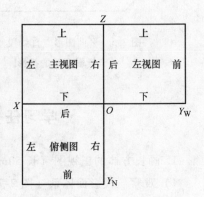

图2-9　三视图的形成

*C*、*D*、…"。在 *H* 面上的投影用相应的小写字母表示，如 "*a*、*b*、*c*、*d*、…"。*V* 面上的投影用小写字母加一撇表示，如 "*a*′、*b*′、*c*′、*d*′、…"。*W* 面上的投影用小写字母加二撇表示，如 "*a*″、*b*″、*c*″、*d*″、…"。

　　2. 三视图的投影规律

　　（1）方位关系　从图 2-9 中可以看出：主视图反映物体的左、右、上、下方位，俯视图反映物体的左、右、前、后方位，左视图反映物体的上、下、前、后方位。机械制图的国家标准规定左右方向为物体的"长"，前后方向为物体的"宽"，上下方向为物体的"高"。视图与物体的方位对应关系如图 2-10 所示。

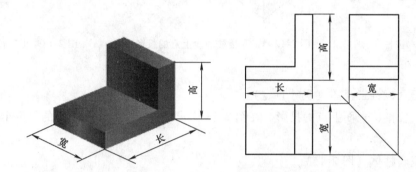

图 2-10　视图与物体的方位对应关系

　　（2）投影规律　由上述可知，三视图之间的相对位置是固定的，即主视图定位后，俯视图在主视图的正下方，左视图在主视图的正右方，各视图的名称不需标注。

　　由于投影面的大小与视图无关，因此画三视图时，不必画出投影面的边界，视图之间的距离可根据图纸幅面和视图的大小来确定。主视图和俯视图反映物体的长，主视图和左视图反映物体的高，俯视图和左视图反映物体的宽，因一个物体只有同一个长、宽和高，由此得出三视图具有"长对正、高平齐、宽相等"（三等）的投影规律。

　　作图时，为了实现"俯、左视图宽相等"，可利用由原点 *O*（或其他点）所作的 45°辅助线求其对应关系，如图 2-10 所示。应当指出，无论是整个物体或物体的局部，在三视图中，其投影都必须符合"长对正、高平齐、宽相等"的关系。

## 学习任务 3　掌握基本几何体三视图的画法并能够在表面上取点

　　1. 正棱柱体

　　1）认识正棱柱体（以图 2-11 所示正六棱柱为例）。

　　2）画正六棱柱三视图（尺寸自定）。

　　3）求正棱柱体表面上点的投影。补全图 2-12 中正五棱柱的三视图，并求作其表面上点的另两个投影。

　　2. 正棱锥体

　　1）认识正棱锥体（以图 2-13 所示正三棱锥为例）。

图 2-11　正六棱柱

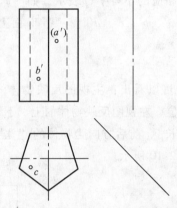

图 2-12　正五棱柱表面上点的投影

图 2-13　正三棱锥

2）画正六棱锥三视图（尺寸自定）。

3）求正棱锥体表面上点的投影。在图 2-14 中求作正三棱锥表面上点的另两个投影。

**3. 圆柱体**

1）认识圆柱体（图 2-15）。

2）画圆柱体三视图（尺寸自定）。

3）求圆柱体表面上点的投影。补全图 2-16 中圆柱体的三视图，并求作其表面上点的另两个投影。

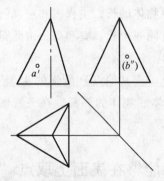

图 2-14　正三棱锥表面上点的投影

图 2-15　圆柱体

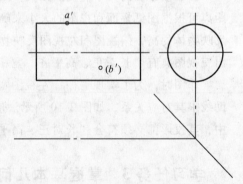

图 2-16　圆柱体表面上点的投影

**4. 圆锥体**

1）认识圆锥体（图 2-17）。

2）画圆锥体三视图（尺寸自定）。

3）求圆锥体表面上点的投影。补全图 2-18 中圆锥体的三视图，并求作其表面上点的另两个投影。

**5. 圆球**

1）认识圆球（图 2-19）。

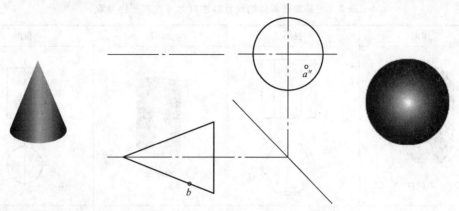

图 2-17　圆锥体　　　　图 2-18　圆锥体表面上点的投影　　　　图 2-19　圆球

2）画圆球三视图（尺寸自定）。

3）求圆球表面上点的投影。在图 2-20 中求作圆球表面上点的另两个投影。

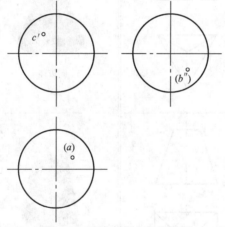

图 2-20　圆球表面上点的投影

6. 标注基本几何体的尺寸

基本几何体的尺寸标注，见表 2-1。

## 相关知识及拓展知识

1. 棱柱体

（1）棱柱体的投影分析　棱柱体属于平面立体，其表面均是平面。下面以正六棱柱为例来进行棱柱体的投影分析。

正六棱柱如图 2-21 所示。它由八个面构成，其上、下两个面为全等而且相互平行的正六边形。侧面为六个全等且与上、下两个面均垂直的长方形。投影作图时，得到的主视图是三个矩形线框，其中 1 平面具有真实性且遮住后面那个面，2、3 面和 V 面倾斜，具有类似性且各自遮住后面那个面，顶面 4 和底面都具有积聚性。俯视图是一个正六边形线框，六个侧面均具有积聚性，顶面 4 和底面反映实形。左视图是两个矩形线框，上、下、前、后四个面具有积聚性，另外四个面具有类似性。

表 2-1 基本几何体的尺寸标注（尺寸在视图中量取）

| 立体图 | 视图 | 立体图 | 视图 |
|---|---|---|---|
| 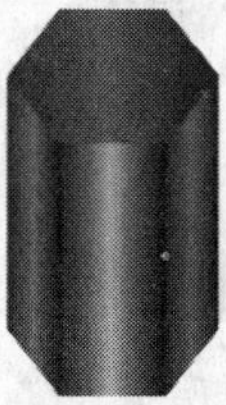 正六棱柱 | 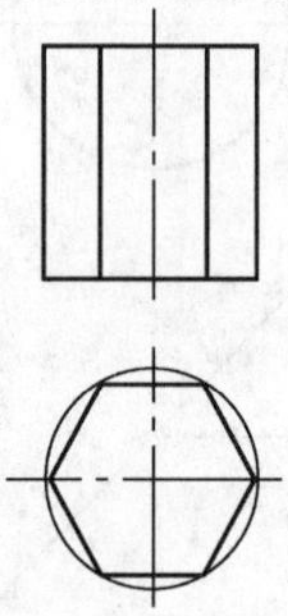 |  圆柱体 | 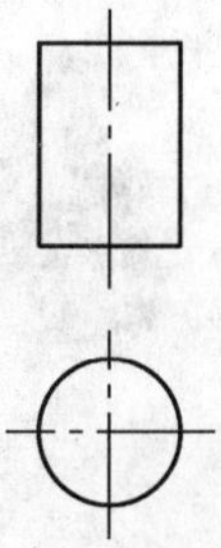 |
| 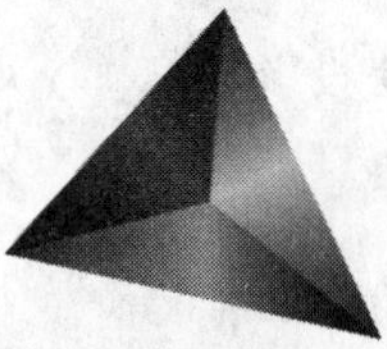 正三棱锥 | 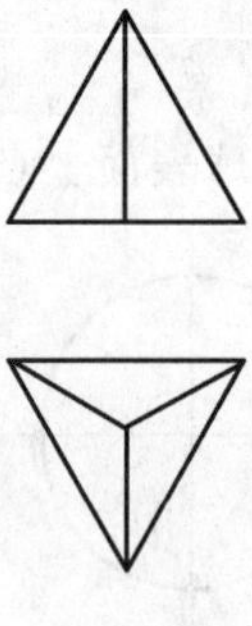 |  圆锥体 | 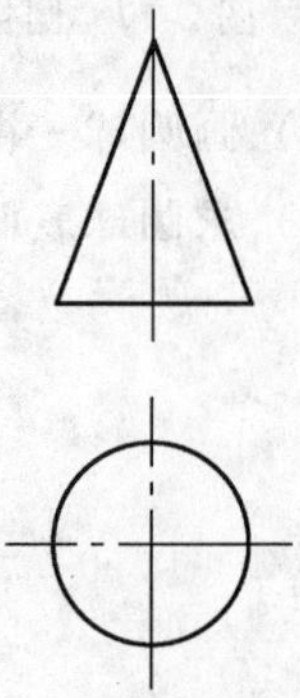 |
|  正四棱台 | 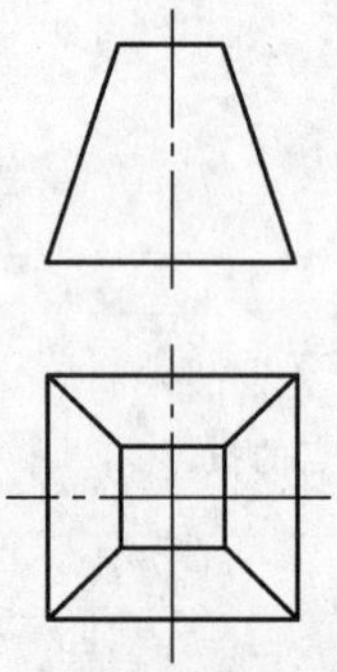 |  圆锥台 | 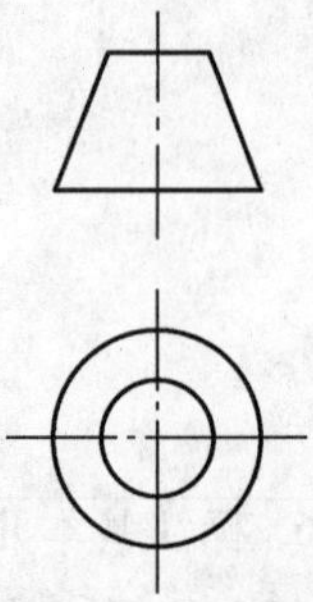 |
|  四棱柱 | 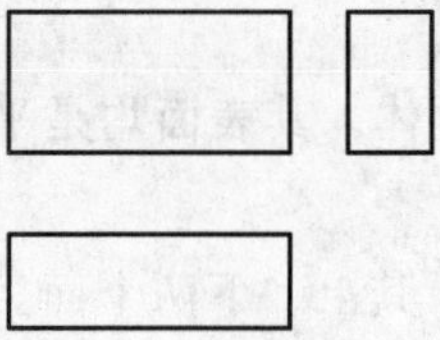 |  球 | 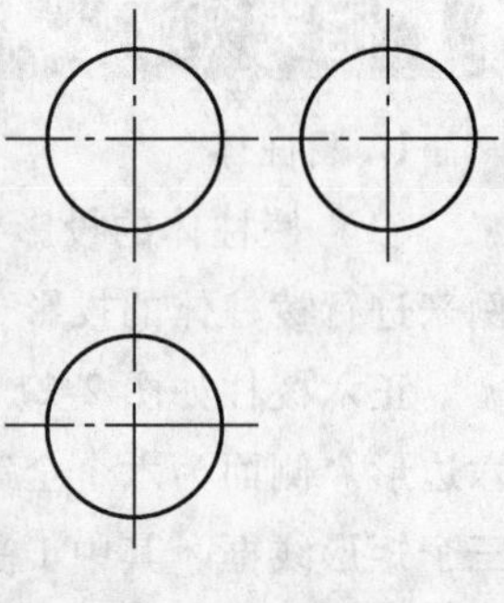 |

（2）棱柱体的三视图画法 先画出正六棱柱的俯视图，再根据"长对正"和正六棱柱的高度画出主视图，最后根据"高平齐"和"宽相等"画出左视图，即完成正六棱柱的三

视图，如图 2-21 所示。

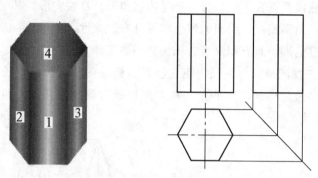

图 2-21　正六棱柱及其三视图

（3）求棱柱体表面上点及线的投影

**例 2-1**　图 2-22a 所示为一正六棱柱的三视图，其表面上有一点 $M$，已知一个投影 $m'$，求其另外两个投影 $m$、$m''$。

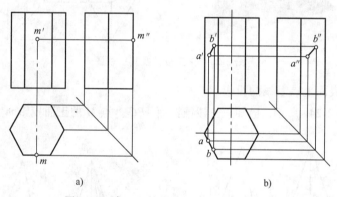

图 2-22　求正六棱柱表面上点及线的投影

通过分析可知，点 $M$ 在正六棱柱的最前面那个面上，最前面那个面在俯视图和左视图上的投影具有积聚性，我们可利用积聚性作出点的其余两个投影 $m$、$m''$，作法如图 2-22a 所示。

**例 2-2**　如图 2-22b 所示为一正六棱柱的三视图，其表面上有一条直线 $AB$，已知一个投影 $a'b'$，求其另外两个投影 $ab$、$a''b''$。

通过分析可知，我们仍可以利用积聚性先作出点 $A$ 和点 $B$ 在俯视图上的投影 $a$、$b$，再利用"高平齐、宽相等"分别作出点 $A$ 和点 $B$ 在左视图上的投影 $a''$、$b''$，最后连接同面投影即可完成直线 $AB$ 的其余两个投影 $ab$、$a''b''$，作法如图 2-22b 所示。

**2. 棱锥体**

（1）棱锥体的投影分析　棱锥体属于平面立体，其表面均是平面。下面以正三棱锥为例来进行棱锥体的投影分析。

正三棱锥如图 2-23 所示。它由四个面构成，其底面为等边三角形，三个侧面均为等腰三角形，三条棱线交于一点，即锥顶。投影作图时，得到的主视图是两个直角三角形线框，棱锥的底面具有积聚性，积聚为一条直线，前面两个侧面具有类似性。俯视图是三个等腰三角形线框，棱锥的底面具有真实性，为一个等边三角形，反映实形，其他三个侧面具有类似性。左视图是一个三角形线框，后面的那个侧面具有积聚性，积聚为一条直线，前面两个侧面具有类似性，棱锥的底面具有积聚性，积聚为一条直线。

（2）棱锥体的三视图画法　先画出正三棱锥的俯视图，再根据"长对正"和正三棱锥的高度画出主视图，最后根据"高平齐"和"宽相等"画出左视图，即完成正三棱锥的三视图，如图 2-23 所示。

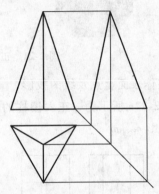

图 2-23　正三棱锥及其三视图

（3）求棱锥表面上点及线的投影

**例 2-3**　如图 2-24a 所示，已知正三棱锥棱面 $ABC$ 上点 $M$ 的正面投影 $m'$，求作 $m$ 和 $m''$。

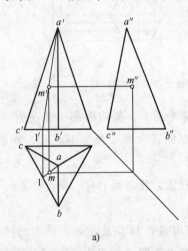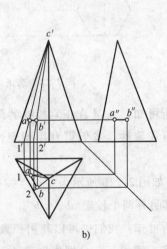

a)　　　　　　　　　　　　　b)

图 2-24　求正三棱锥表面上点及线的投影

作图方法是辅助直线法。在 $ABC$ 棱面上，由 $A$ 过点 $M$ 作直线 $A\text{I}$。因为点 $M$ 在直线 $A\text{I}$ 上，则点 $M$ 的投影必在直线 $A\text{I}$ 的同面投影上。所以只要作出 $A\text{I}$ 的水平投影 $a1$，即可求得点 $M$ 的水平投影 $m$。作图步骤是：在主视图上由 $a'$ 过 $m'$ 作直线交 $b'c'$ 于 $1'$，再由 $a'1'$ 作出 $a1$，在 $a1$ 上定出 $m$，根据"高平齐"和"宽相等"可作出 $m''$（判断可见性为可见）。

**例 2-4**　图 2-24b 所示为一个正三棱锥的三视图，其表面上有一条直线 $AB$，已知一个投影 $a'b'$，求其另外两个投影 $ab$、$a''b''$。

作图方法是辅助直线法。如图 2-24b 所示，分别作出点 A 和点 B 的另外两个投影 a、b、a″、b″，最后连接同面投影即可完成直线 AB 的另外两个投影 ab、a″b″。

3．圆柱体

（1）圆柱体的投影分析　如图 2-25 所示，圆柱体由圆柱面和上、下两平面构成，圆柱体属于曲面立体。投影作图时，得到的主视图和左视图均是一个矩形线框，只是方位不一样。主视图反映最左和最右圆柱体轮廓的投影，左视图反映最前和最后圆柱体轮廓的投影。俯视图则为一个圆。

（2）圆柱体的三视图画法　先画出三个视图的中心线，然后画出俯视图，根据俯视图和圆柱体的高度，按"长对正"画出主视图，最后根据主、俯视图，按"高平齐"和"宽相等"画出左视图，如图 2-25 所示。

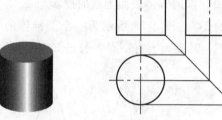

图 2-25　圆柱体及其三视图

（3）求圆柱体表面上点及线的投影

例 2-5　图 2-26a 所示为一个圆柱体的三视图，其表面有一点 N 且已知一个投影 n′，求点 N 的其余两个投影 n 和 n″。

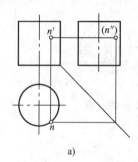 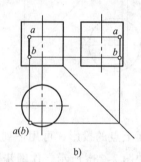

图 2-26　求圆柱体表面上点及线的投影

通过读图分析可知，点 N 在圆柱面上，圆柱面在俯视图上的投影积聚为一个圆，点 N 在俯视图上的投影也应在该圆上，按"长对正"即可作出点 N 在俯视图上的投影 n（在俯视图上的交点要前一个，因其在主视图上可见）。再根据"高平齐"和"宽相等"可作出在左视图上的投影 n″（判断为不可见，投影应打上括号）。

例 2-6　图 2-26b 所示为一个圆柱体的三视图，其表面有一条直线 AB，已知一个投影 a′b′，求其另外两个投影 ab、a″b″。

直线 AB 在 H 面上的投影应积聚为一个点，又因为直线 AB 在圆柱表面上，圆柱的俯视图为一个圆，故利用积聚性可求得直线 AB 在俯视图上的投影 ab，再根据"高平齐、宽相等"可求得直线 AB 在左视图上的投影 a″b″，作图方法如图 2-26b 所示。

4．圆锥体

（1）圆锥体的投影分析　如图 2-27 所示，圆锥体由圆锥面和底圆平面构成，属于曲面立体。投影作图时，得到的主视图和左视图均是一个等腰三角形。三角形的底边是底圆平面的投影，其腰分别是最左、最右和最前、最后圆锥体轮廓的投影。俯视图是个圆，这个圆为圆锥面和底圆平面的水平投影。

（2）圆锥体的三视图画法 先画出三视图的中心线，然后画出俯视图上的底圆；根据锥高和俯视图，按照"长对正"画出主视图；根据主、俯视图，按照"高平齐"和"宽相等"画出左视图，如图2-27所示。

（3）求圆锥体表面上点的投影

**例2-7** 图2-28所示为一个圆锥体的

图2-27 圆锥体及其三视图

三视图，其表面上有一点 $E$ 且已知一个投影 $e'$，求点 $E$ 其余两个投影 $e$ 和 $e''$。

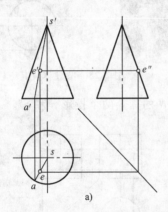
a)

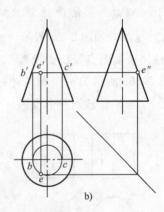
b)

图2-28 求圆锥体表面上点的投影

求作圆锥表面上点的投影，可用下列两种方法。

辅助线法，如图2-28a所示，作图步骤如下：

① 在 $V$ 面上过 $s'e'$ 作辅助线交底圆，其交点为 $a'$。

② 将 $a'$ 向 $H$ 面作投影连线，得 $a$。

③ 连接 $sa$，$sa$ 为辅助线 $SA$ 在 $H$ 面上的投影。

④ 将 $e'$ 向 $H$ 面作投影连线交 $sa$ 于 $e$，$e$ 即所求。

⑤ 根据 $e'$ 和 $e$，求出 $e''$。

辅助面法，如图2-28b所示，作图步骤如下：

① 过 $e'$ 作一垂直于轴线的辅助平面与圆锥相交，交线是一个水平圆，其在 $V$ 面上的投影为过 $e'$ 并且平行于底圆投影的直线（$b'c'$）。

② 以 $b'c'$ 为直径，作出水平圆的 $H$ 面投影，投影 $e$ 必定在该圆周上。

③ 将 $e'$ 向 $H$ 面作投影连线，根据投影关系，可求出 $e$。

④ 由 $e'$、$e$ 求出 $e''$。

5. 圆球

（1）圆球的投影分析 如图2-29a所示，圆球表面是个曲面，属于曲面立体。投影作图时，得到圆球的三个视图均是等径的圆，只是方位不一样，读者可自行分析。

（2）圆球的三视图画法　先画出各视图圆的中心线，确定圆心。以圆球的半径画圆，即可作出三个视图。

（3）求圆球表面上点的投影　由于圆球表面不具有积聚性，故不能采用积聚法来求得。圆球表面也不存在直线，因而也不能采用辅助直线法。对于圆球表面常用辅助平面法来求点的投影。图 2-29b 所示为一个圆球的三视图，其表面上有一点 $E$ 且已知一个投影 $e'$，求点 $E$ 的其余两个投影 $e$ 和 $e''$，作法如图 2-29b 所示。

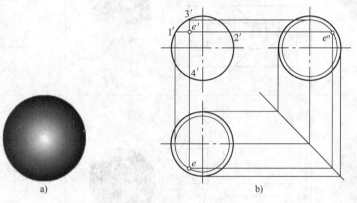

图 2-29　圆球及其表面上点的投影

6. 基本几何体的尺寸标注

任何物体都具有长、宽、高三个方向的尺寸。在视图上标注基本几何体的尺寸时，应将三个方向的尺寸标注齐全，既不能少，也不能重复和多余。常见基本几何体的尺寸标注见表 2-2。

表 2-2　基本几何体的尺寸标注

| 立体图 | 视图 | 立体图 | 视图 |
|---|---|---|---|
| 正六棱柱 | $\phi$ | 圆柱体 | $\phi$ |
| 正三棱锥 | | 圆锥体 | $\phi$ |

（续）

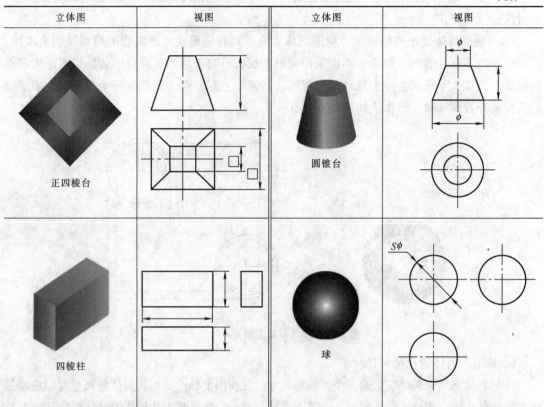

| 立体图 | 视图 | 立体图 | 视图 |
|---|---|---|---|
| 正四棱台 | | 圆锥台 | |
| 四棱柱 | | 球 | |

在三视图中，尺寸应尽量标注在反映基本形体形状特征的视图上，而圆的直径一般注在投影为非圆的视图上。

# 学习任务4  画切口体

1. 画棱柱体型切口体三视图

画出图2-30所示棱柱体型切口体的三视图。

2. 画棱锥体型切口体三视图

画出图2-31所示棱锥体型切口体的三视图。

图2-30  棱柱体型切口体

图2-31  棱锥体型切口体

3. 画圆柱体型切口体三视图

画出图 2-32 所示圆柱体型切口体的三视图。

4. 画圆锥体型切口体三视图

画出图 2-33 所示圆锥体型切口体的三视图。

5. 画圆球型切口体三视图

画出图 2-34 所示圆球型切口体的三视图。

图 2-32 圆柱体型切口体　　　　图 2-33 圆锥体型切口体　　　　图 2-34 圆球型切口体

## 相关知识及拓展知识

1. 棱柱体型切口体

(1) 切口体的投影分析 图 2-35 所示切口体可看成是由四棱柱通过切割而成。投影作图时，得到的俯视图为三个矩形线框，1、2、3 平面及底面具有真实性，反映实形，零件的四个侧面及两个槽壁（4）具有积聚性。主视图为一"凵凵"形线框，零件的左（5）、右侧面具有积聚性，零件的前（6）、后面具有真实性，零件的顶面（1、3）、切槽部分和底面具有积聚性。左视图为一矩形线框，由于切槽部分不可见，作图时应画成虚线，左（5）、右侧面具有真实性，反映实形，前（6）、后面及底面具有积聚性。

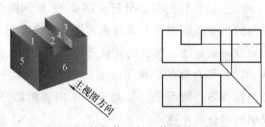

图 2-35 棱柱体型切口体及其三视图

(2) 切口体的三视图画法 画三视图之前应先确定主视图的方向，主视图的方向确定原则是：选出最能反映物体各部分形状特征和相对位置的方向作为主视图的投射方向。如图 2-35 所示的方向看去，所得到的视图能满足所述的基本要求，可以作为主视图方向。主视图确定之后，俯视图和左视图也就随之确定了。先画出切口体的俯视图，再根据"长对正"画主视图，最后根据"高平齐"和"宽相等"画左视图，即完成切口体的三视图。

2. 棱锥体型切口体

(1) 切口体的投影分析 图 2-36 所示三棱台可看成是由三棱锥通过切割而成。投影作图时，三棱锥被切割后的顶平面在俯视图上具有真实性，反映实形。在主视图和左视图上具有积聚性，积聚成一条直线。三视图上的其他线框分析可参照前面三棱锥的线框分析。

(2) 切口体的三视图画法 把如图 2-36 所示方向确定为主视图方向。首先画出俯视图，再按"长对正"画出主视图，最后根据"高平齐"和"宽相等"画出左视图，即完成切口体的三视图。

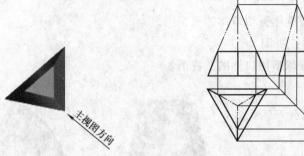

图 2-36　棱锥体型切口体及其三视图

3. 圆柱体型切口体

（1）切口体的投影分析　图 2-37 所示切口体可看成是由圆柱体通过切割而成。切割形成的两个面：竖起的那个面在主视图中具有真实性，反映实形，在俯视图和左视图中具有积聚性，积聚为一条直线；水平的那个面在主视图和左视图中具有积聚性，积聚为一条直线，在俯视图中具有真实性，反映实形。其他线框分析同前面的圆柱体线框分析。

（2）切口体的三视图画法　先按圆柱体三视图的画法画出三视图线框，再画出切割部分的主视图，然后按"长对正"画出切割部分的俯视图，最后根据"高平齐，宽相等"完成切割部分的左视图。

4. 圆锥体型切口体

（1）切口体的投影分析　图 2-38 所示圆台可看成是由圆锥体切割而成。投影作图时，圆台的顶面在俯视图上具有真实性，反映实形为一个圆，在主视图和左视图上具有积聚性，积聚成一条直线。圆台的其他部分可参照前面圆锥体的线框分析。

（2）切口体的三视图画法　先按圆锥体三视图的画法画出三视图线框，再画出切割部分的俯视图，然后按"长对正"画出切割部分的主视图，最后根据"高平齐，宽相等"完成切割部分的左视图。

 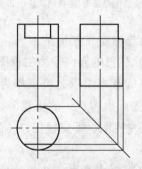　　　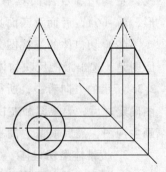

图 2-37　圆柱体型切口体及其三视图　　　图 2-38　圆锥体型切口体及其三视图

5. 圆球型切口体

（1）切口体的投影分析　图 2-39 所示半圆球被两个对称的竖平面和一个水平面切割，

两个竖平面与半圆球表面的交线各为一段平行于侧面的圆弧（半径 $R_2$），水平面与半圆球表面的交线为两段水平的圆弧（半径 $R_1$）。

（2）切口体的三视图画法　先画出主视图，槽口底面的水平投影由两段相同的圆弧和两段积聚性直线组成，圆弧半径 $R_1$ 从主视图中量取。槽口的两竖平面侧面投影为圆弧，半径 $R_2$ 从主视图中量取。槽口的底面为水平面，侧面投影积聚为直线，中间部分不可见，画成细虚线。

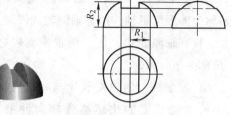

图 2-39　圆球型切口体及其三视图

## 学习任务5　画 轴 测 图

1. 画正等轴测图

画出图 2-40 所示凹形槽的正等轴测图。

2. 画斜二轴测图

画出图 2-41 所示零件的斜二轴测图（尺寸在视图中量取）。

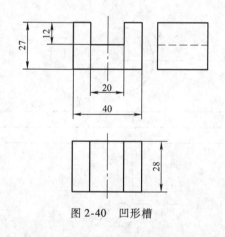

图 2-40　凹形槽

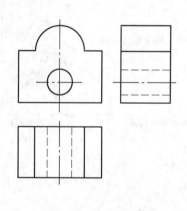

图 2-41　零件三视图

## 相关知识及拓展知识

三面投影图可以将较为简单的物体的各部分形状完整、准确地表达出来，而且度量性好，作图方便，因而在工程上得到广泛应用。但这种图样缺乏立体感，直观性差。为了弥补不足，工程上有时也采用富有立体感的轴测图来表达设计意图。

### 一、轴测图的形成

轴测投影是将物体连同直角坐标体系，沿不平行于任意一坐标平面的方向，用平行投影法将其投射在单一投影面上。轴测投影所得到的图形简称为轴测图。

1）轴测图的单一投影面称为轴测投影面，如图 2-42 所示的 $P$ 平面。

2）在轴测投影面上的坐标轴 $OX$、$OY$、$OZ$ 称为轴测投影轴，简称轴测轴。

3）在轴测图中，任意两根轴测轴之间的夹角称为轴间角。

4）轴测轴上的单位长度与相应直角坐标轴上的单位长度的比值称为轴向伸缩系数。$OX$、$OY$、$OZ$ 轴上的轴向伸缩系数分别用 $p_1$、$q_1$、$r_1$ 表示。

为了便于作图，绘制轴测图时，对轴向伸缩系数进行简化，以使其比值成为简单的数值。简化伸缩系数分别用 $p$、$q$、$r$ 表示。常用的轴测图见表2-3。

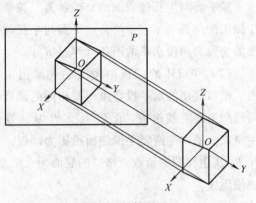

图 2-42　轴测图

表 2-3　常用的轴测图

| | 正等测 | 斜二测 |
| --- | --- | --- |
| 轴间角 | 120° 120° O 120° | 90° 135° 135° |
| 轴向伸缩系数 | $p_1 = q_1 = r_1 = 0.82$ | $p_1 = r_1 = 1$　$q_1 = 0.5$ |
| 简化伸缩系数 | $p = q = r = 1$ | 无 |
| 图例 | | |

## 二、正等轴测图及其画法

正等轴测图的轴间角 $\angle XOY = \angle XOZ = \angle YOZ = 120°$。画图时，一般使 $OZ$ 轴处于垂直位置，$OX$、$OY$ 轴与水平成30°。可利用30°的三角板与丁字尺方便地画出三根轴测轴，见表2-3。

**例 2-8**　画出图2-43所示凹形槽的正等轴测图。

作图步骤：图2-43所示凹形槽为在一长方体上面的中间截去一个小长方体而制成。只要画出长方体，再用截割法即可得到凹形槽的正等轴测图。

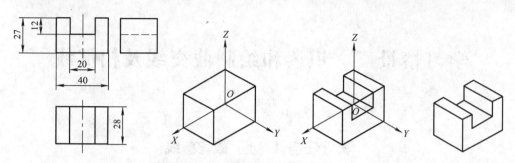

图 2-43　凹形槽的正等轴测图

1）用 30°的三角板画出 OX、OY、OZ 轴，从物体的后面、右面、下面开始画起，用尺寸 28 和 40 作出物体的底平面（为一平行四边形）。

2）过底平面平行四边形的四个角点分别往上作顶面四点（用尺寸 27），再连接顶面四点，即得大长方体的正等轴测图。

3）根据三视图中的凹槽尺寸，在大长方体的相应部分画出被截去的小长方体。

4）擦去不必要的线条，加深轮廓线，即得凹形槽的正等轴测图。

### 三、斜二轴测图及其画法

斜二轴测图的轴间角 ∠XOZ = 90°，∠XOY = ∠YOZ = 135°，可利用 45°的三角板与丁字尺画出轴测轴。在绘制斜二轴测图时，沿轴测轴 OX 和 OZ 方向的尺寸，可按实际尺寸选取比例度量，沿 OY 方向的尺寸，则要缩短一半度量。

斜二轴测图能反映物体正面的实形且画圆方便，适用于画正面有较多圆的机件。

**例 2-9**　画出图 2-44a 所示零件的斜二轴测图。

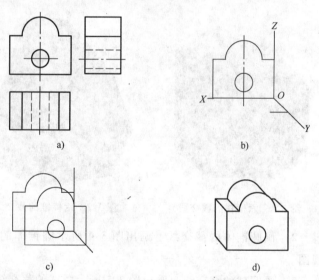

图 2-44　斜二轴测图画法

作图步骤：

1）用 45°的三角板画出 OX、OY、OZ 轴，从物体的后面、右面、下面开始画起。把主视图"复制"到图 2-44b 所示位置。

2）把图 2-44a 中俯视图宽度尺寸取一半量在图 2-44b 所示位置。

3）把主视图再一次"复制"到图 2-44c 所示位置。

4）擦去不必要的线条，画出并加深轮廓线，即得零件的斜二轴测图，如图 2-44d 所示。

# 学习情景三　识读和绘制截交线及相贯线

## 学习任务1　画截交线

1. 画平面立体的截交线

1）画棱柱体的截交线。画出图3-1所示六棱柱的截交线投影并完成三视图。

2）画棱锥体的截交线。画出图3-2所示六棱锥的截交线投影并完成三视图。

2. 画曲面立体的截交线

1）画圆柱体的截交线。画出图3-3所示圆柱体的截交线投影并完成三视图。

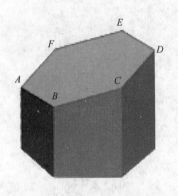
图3-1　六棱柱的截交线

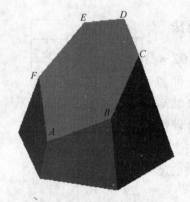
图3-2　六棱锥的截交线

图3-3　圆柱体的截交线

2）画圆锥体的截交线。画出图3-4所示圆锥体的截交线（三种情况）投影并完成三视图。

3）画圆球的截交线。画出图3-5所示圆球的截交线投影并完成三视图。

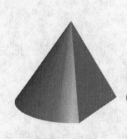

图3-4　圆锥体的截交线

图3-5　圆球的截交线

3. 画组合体的截交线

补画图3-6中的第三视图。

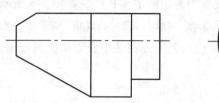

图 3-6　组合体的截交线

## 相关知识及拓展知识

### 一、截断体及截交线的概念

当立体被平面截断成两部分时，其中任何一部分均称为截断体。用来截切立体的平面称为截平面，截平面与立体表面的交线称为截交线。因此，截交线就是立体被任何截平面切割后所产生的交线，如图 3-7 所示。

1. 截交线的性质

截交线的形状与立体表面性质及截平面的位置有关，但任何截交线都具有下列两个基本性质。

1）截交线是截平面与立体表面的共有线。

2）由于任何立体都有一定的范围，所以截交线一定是闭合的平面图形（平面折线、平面曲线或两者的组合）。

由以上性质可以看出，求画截交线的实质就是要求出截平面与立体表面的一系列共有点，然后依次连接各点即可。

2. 求画截交线的一般方法、步骤

求共有点的方法通常有：

1）积聚性法。

2）辅助线法。

3）辅助平面法。

作图步骤为：

1）找出属于截交线上的一系列特殊点。

2）求出若干一般点。

3）判别可见性。

4）顺次连接各点（成折线或曲线）。

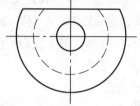

图 3-7　截交线的基本概念

### 二、平面立体的截交线

平面立体的截交线是一个平面多边形；此多边形的各个顶点就是截平面与平面立体的棱线的交点；多边形的每一条边是截平面与平面立体各棱面的交线。

1. 棱柱体的截交线

**例 3-1**　求正六棱柱斜切后的投影。

正六棱柱被 $P$ 平面斜切后，其截交线为封闭的平面折线，如图 3-8 所示。作图步骤为：

1）分析截断体，明确截切前基本体的形状、截切形式（如截断、切口、开槽）及截面形状。

2）分析截平面的空间位置、投影特性以及截面在三个投影面上的投影情况。

3）画截断体的三视图。

① 画基本体三视图。

② 画出截平面或切口有积聚投影的图。

③ 完成截平面、切口的其余视图。

截交线的作图方法为：先找出截平面与各棱线的交点，求出各交点的投影后，连接起来即为截交线的投影，如图 3-8 所示。

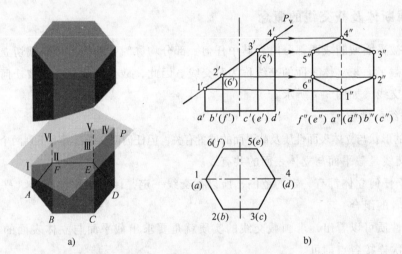

图 3-8　平面与正六棱柱相交

2. 棱锥体的截交线

**例 3-2**　如图 3-9a 所示，正六棱锥被平面 $P$ 截切，截交线是六边形，其六个顶点分别是截平面与六棱锥上六条侧棱的交点。因此，作平面立体的截交线的投影，实质上就是求截平面与平面立体上各被截棱线的交点的投影。作图步骤如下：

1）分析截断体。

2）分析截平面的投影特性。

3）画出三视图，再利用截平面的积聚性投影，先找出截交线上各顶点的正面投影 $a'$、$b'$、$\cdots$、$f'$，如图 3-9b 所示。

4）根据属于直线的点的投影特性，求出各顶点的水平投影 $a$、$b$、$\cdots$、$f$ 及侧面投影 $a''$、$b''$、$\cdots$、$f''$，如图 3-9c 所示。

5）依次连接各顶点的同面投影，即为截交线的投影，如图 3-9d 所示。

## 三、曲面立体的截交线

曲面立体的截交线是一个封闭的几何图形。作图时，需先求出若干个共有点的投影，然后将它们依次光滑地连接起来，即得截交线的投影。

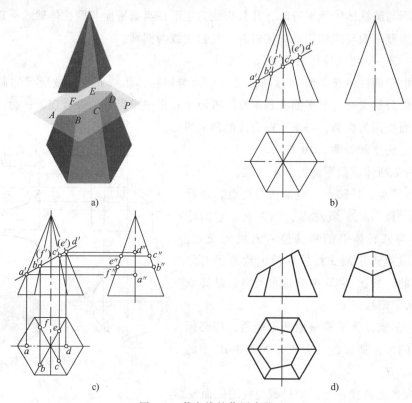

图 3-9 截交线的作图步骤

## 1. 圆柱体的截交线

截平面与圆柱体轴线的相对位置不同时，其截交线有三种不同的形状，见表 3-1。

表 3-1 截平面和圆柱体轴线的相对位置不同时所得的三种截交线

| 截平面的位置 | 与轴线平行 | 与轴线垂直 | 与轴线倾斜 |
|---|---|---|---|
| 立体图 | | | |
| 投影图 | | | |
| 截交线的形状 | 矩形 | 圆 | 椭圆 |

当截平面与圆柱体轴线平行时,其截交线为矩形;当截平面与圆柱体轴线垂直时,其截交线为圆;当截平面与圆柱体轴线倾斜时,其截交线为椭圆。

**例 3-3** 求一斜切圆柱体的截交线。

分析:由于圆柱体被平面 $P$ 截断,且截平面与圆柱体轴线斜交,故所得的截交线是椭圆。正面投影分别重合在截平面有积聚性的投影上;水平投影分别重合在圆柱面有积聚性的投影上;侧面投影为椭圆,需求出截交线的侧面投影。

其作图方法步骤如图 3-10 所示。

1)分析截断体及截平面的投影特性。

2)求特殊点。特殊点一般是指最高点、最低点、最前点、最后点、最左点、最右点。它们通常是截平面与回转体上的特殊位置素线的交点。先求出特殊点以确定截交线投影的大致范围对作图是很有利的,如图 3-10 中的最低点 $A$、最高点 $B$、最前点 $C$、最后点 $D$。

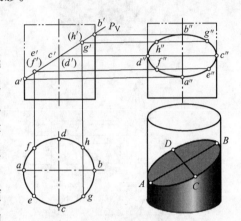

图 3-10 斜切圆柱体的截交线

3)求一般点。为了准确地画出椭圆,还必须在特殊点之间求出适量的一般点,如图 3-10 中的点 $E$、$F$、$G$、$H$。

4)依次光滑连接各点,即得截交线的侧面投影。

**2. 圆锥体的截交线**

平面与圆锥体的截交线有四种情况,见表 3-2。

在上述的四种截交线画法中,重点掌握截平面与圆锥体轴线垂直时的截交线画法(截交线为圆)和截平面与圆锥体轴线平行时的截交线画法(截交线为封闭的双曲线)。

表 3-2 圆锥体的截交线

| 截平面的位置 | 与轴线垂直 | 过圆锥体顶点 | 与轴线倾斜 | 与轴线平行 |
|---|---|---|---|---|
| 立体图 | | | | |
| 投影图 | | | | |
| 截交线的形状 | 圆 | 等腰三角形 | 椭圆 | 封闭的双曲线 |

**例3-4**　求一个被平行于圆锥体轴线的平面截切的圆锥体的截交线的投影。

分析：如图3-11a所示，因为截平面平行于正面且与圆锥体的轴线平行，所以截交线为一以直线封闭的双曲线，其水平投影和侧面投影分别积聚为一直线，只需求出正面投影。

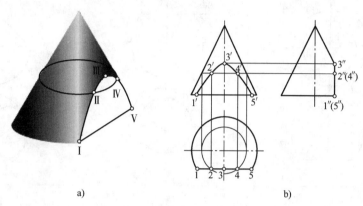

图3-11　平面截切圆锥体的截交线

其作图方法步骤如图3-11b所示。

1）分析截断体及截平面的投影特性。

2）求特殊点。Ⅲ点为最高点，在最前素线上，故根据3″可直接作出3和3′。点Ⅰ、Ⅴ为最低点，也是最左、最右点，其水平投影1、5在底圆的水平投影上，据此可求出1′和5′。

3）求一般点。可利用辅助圆法（也可用辅助素线法），即在正面投影3′与1′、5′之间画一条与圆锥体轴线垂直的水平线，与圆锥体最左、最右素线的投影相交，以两交点之间的长度为直径，在水平投影中画一圆，其与截交线的积聚性投影（直线）相交于2和4，据此求出2′、4′及2″、4″。

4）依次将点1′、2′、3′、4′、5′连成光滑的曲线，即得截交线的正面投影。

**3. 圆球的截交线**

圆球被任意方向的平面截切，其截交线都是圆。圆的大小由截平面与球心之间的距离决定。截平面通过球心，所得截交线（圆）的直径最大；截平面离球心越远，截交线（圆）的直径就越小。圆球的截交线见表3-3。

表3-3　圆球的截交线

| 截平面的位置 | 截平面为平行于$V$面的平面 | 截平面为平行于$H$面的平面 | 截平面为垂面于$V$面的平面 |
| --- | --- | --- | --- |
| 立体图 | | | |

（续）

| 截平面的位置 | 截平面为平行于 $V$ 面的平面 | 截平面为平行于 $H$ 面的平面 | 截平面为垂面于 $V$ 面的平面 |
|---|---|---|---|
| 投影图 | | | |
| 截交线的形状 | 圆 | 圆 | 圆 |

## 四、截交线综合举例

实际机件常是由几个回转体组成的复合体，这样截交线就由几段组成，变得复杂了。但只要分清构成机件的各种形体及截平面的位置，就可弄清每个形体上截交线的形状及各段截交线之间的关系，然后逐个求出各段截交线的投影，再按它们的相互关系连接起来，即可完成作图。

例 3-5　作连杆头的投影。

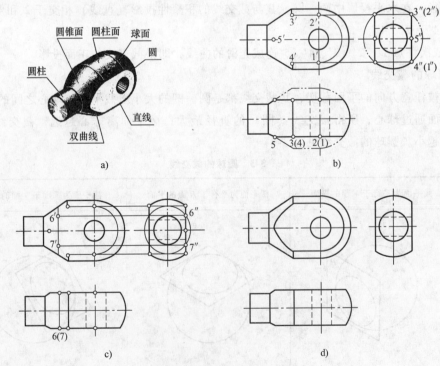

图 3-12　连杆头的截交线画法

分析：由图 3-12a 可以看出，连杆头是由同轴的小圆柱、圆台、大圆柱及半球（大圆柱与半球相切）组成，并且前、后被两平行轴线的对称平面截切。所产生的截交线是由双曲线（平面与圆台的截交线）、两条平行直线（平面与大圆柱面的截交线）及半个圆（平面与圆球的截交线）组成的封闭平面图形。

　　如图 3-12b 所示，连杆头的轴线垂直于侧面，两截平面平行于正面，所以整个截交线的水平投影和侧面投影分别积聚为直线，因此需要求作的是正面投影，反映复合截交线（平面图形）的实形。

　　其作图方法步骤如图 3-12b ~ d 所示。

# 学习任务 2　画 相 贯 线

1. 画一般相贯体的投影

画出图 3-13 所示两圆柱体相贯的三视图（表面取点法和近似画法）。

2. 画其他相贯体的投影

1）画出两直径相等的圆柱体相贯（等径相贯）的主视图（图 3-14）。

2）画出两内圆柱体相贯的主视图（图 3-15）。

图 3-13　两圆柱体相贯　　　　图 3-14　两圆柱体等径相贯　　　　图 3-15　两内圆柱体相贯

3）画出图 3-16 所示三种共轴相贯的主视图。

图 3-16　共轴相贯

## 相关知识及拓展知识

### 一、相贯体及相贯线的概念

两立体相交,其表面就会产生交线。相交的立体称为相贯体。它们表面的交线称为相贯线。相贯线是相贯两立体表面的共有线,是无穷个点的集合。因此,求相贯线的投影就是求该线上共有点的投影。任何物体相交,其表面都要产生交线,这些交线都称为相贯线。

根据相贯体表面几何形状不同,可分为两平面立体相交(图 3-17a)、平面立体与曲面立体相交(图 3-17b)以及两曲面立体相交(图 3-17c)三种情况。

此处只讨论两曲面立体相交的情况。

两曲面立体相交的相贯线有以下性质:

1)相贯线一般是封闭的空间曲线,特殊情况下才可能是平面曲线或直线。

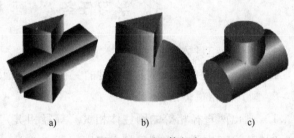

a)        b)        c)

图 3-17 两立体相交

2)相贯线是相交两立体表面的共有线,也是它们的分界线。相贯线可看作是由两立体表面上一系列共有点组成的,因此,求相贯线实质上是求两立体表面的共有点。

### 二、画相贯线的方法

画相贯线的方法有表面取点法、近似画法和简化画法。

1. 表面取点法

当相交的两曲面立体中有一个圆柱面,其轴线垂直于投影面时,则该圆柱面在此投影面上的投影为一个圆,且具有积聚性,即相贯线上的点在该投影面上的投影也一定积聚在该圆上,其他投影可根据表面上取点的方法作出。

例 3-6 求两圆柱体正交的相贯线。

分析:图 3-18a 所示两圆柱体的轴线垂直相交,相贯线是封闭的空间曲线,且前后对称、左右对称。相贯线的水平投影与直立圆柱体柱面水平投影的圆重合,其侧面投影与水平圆柱体柱面侧面投影的一段圆弧重合。因此,需要求作的是相贯线的正面投影,故可用表面取点法作图。

1)求特殊点($A$、$B$、$C$、$D$)(图 3-18b)。点 $A$、点 $B$ 是直立圆柱上的最左、最右素线与水平圆柱的最上素线的交点,是相贯线上的最左、最右点,同时也是最高点,$a'$ 和 $b'$ 可根据 $a$、$a''$ 和 $b$、$b''$ 求得;点 $C$、点 $D$ 是直立圆柱的最前、最后素线与水平圆柱的交点,是最前点和最后点,也是最低点,由 $c''$、$d''$ 可直接对应求出 $c$、$d$ 及 $c'$ 和 $d'$。

2)求一般点。在直立圆柱的水平投影圆上取点 1、2,其侧面投影为 $1''$、$2''$,正面投影 $1'$、$2'$ 可根据投影规律求出。为了使相贯线更准确,可取一系列的一般点。顺次光滑地连接

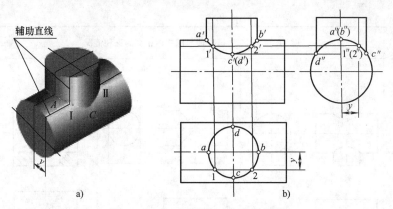

图 3-18  求两圆柱体正交的相贯线

$a'$、$1'$、$c'$、$2'$、$b'$等点即可得到相贯线的正面投影（双曲线）。

2. 相贯线的近似画法和简化画法

在绘制机件图样过程中，当两圆柱正交且直径相差较大，但对交线形状的准确度要求不高时，允许采用近似画法，即用大圆柱的半径作圆弧来替代相贯线（图 3-19a），或用直线代替非圆曲线（图 3-19b）。

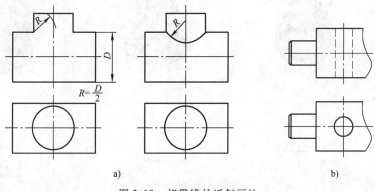

图 3-19  相贯线的近似画法

## 三、相贯线的常见形式

生产中常见相贯线的形式及画法见表 3-4。

表 3-4  常见相贯线的形式及画法

| 相交形式<br>图形情况 | 圆柱体与圆柱体相交的三种情况 | | |
|---|---|---|---|
| | 两实心圆柱体相交 | 两等径圆柱体相交 | 两内圆柱体相交 |
| 立体图 | | | |

（续）

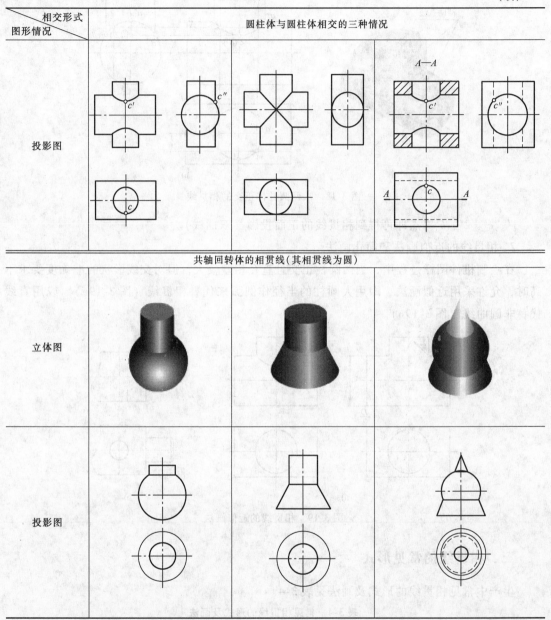

| 图形情况 | 相交形式 | 圆柱体与圆柱体相交的三种情况 |
|---|---|---|

## 四、相贯线应用举例

在画实际机件的图样时，由于组成机件的形体较多，故交线也比较复杂，但作图的方法仍然相同。

**例 3-7** 用近似画法画三通管的相贯线。

分析：图 3-20 所示两空心圆柱体的轴线垂直相交，其表面的相贯线是封闭的空间曲线，且前后对称、左右对称。相贯线的水平投影与直立圆柱体柱面水平投影的圆重合，其侧面投影与水平圆柱体柱面侧面投影的一段圆弧重合。因此，只需求作相贯线的正面投影。

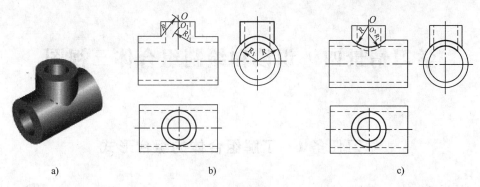

图 3-20 三通管的相贯线

a）立体图 b）三视图 c）相贯线画法

1）画外表面的相贯线。以大圆管外表面最上边的素线与小圆管外表面最左（最右）边素线的交点为圆心，取大圆管外半径 $R$ 画弧与小圆管轴线交于点 $O$，再以点 $O$ 为圆心 $R$ 为半径画弧，即得外表面的相贯线。

2）画内表面的相贯线。以大圆管内表面最上边的素线与小圆管内表面最左（最右）边素线的交点为圆心，取大圆管内半径 $R_1$ 画弧与小圆管轴线交于点 $O_1$，再以点 $O_1$ 为圆心 $R_1$ 为半径画（虚线）弧，即得内表面的相贯线。

# 学习情景四　识读和绘制组合体三视图

## 学习任务1　了解组合体的组合形式

1. 认识组合体

请说出图4-1所示轴承座组合体由哪几个基本几何体组成的。

2. 认识组合体的组合形式

1）认识叠加类组合体。指出图4-2中的错误，并说明原因。

指出图4-3中的错误，并说明原因。

指出图4-4中的错误，并说明原因。

图4-1　轴承座组合体

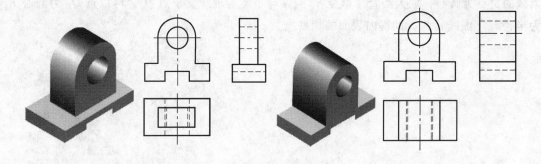

图4-2　平齐与不平齐

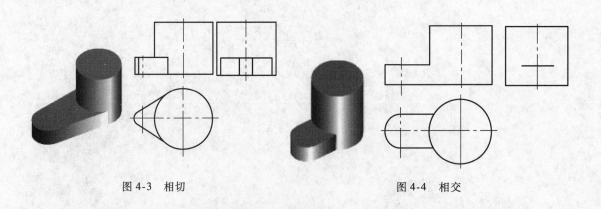

图4-3　相切　　　　　　　　　　　图4-4　相交

2）认识挖切类组合体。请说出图4-5所示组合体是如何得到的。

3）认识综合类组合体。请说出图4-6所示组合体是如何得到的。

图 4-5　挖切类组合体

图 4-6　综合类组合体

## 相关知识及拓展知识

由两个或两个以上基本几何体组成的物体称为组合体。

### 一、形体分析法

任何复杂的物体，仔细分析起来，都可看成是由若干个基本几何体组合而成的。图 4-7a 所示的轴承座，可看成是由两个尺寸不同的四棱柱和一个半圆柱叠加起来后，再切除一个圆柱体和两个小圆柱体而形成的，如图 4-7b、c 所示。既然如此，画组合体的三视图时，就可采用"先分后合"的方法。就是说，先在想象中把组合体分解成若干个基本几何体，然后按其相对位置逐个画出各基本几何体的投影，综合起来，即得到整个组合体的视图。这样，就可把一个复杂的问题分解成几个简单的问题加以解决。这种为了便于画图和读图，通过分析将物体分解成若干个基本几何体，并搞清它们之间相对位置和组合形式的方法，称为形体分析法。

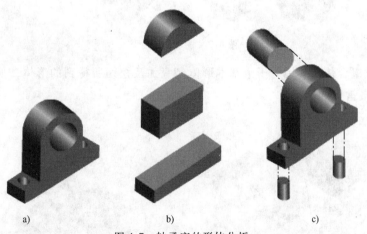

a)　　　　　　　　　b)　　　　　　　　　c)

图 4-7　轴承座的形体分析

形体分析法是一种分析复杂立体的方法，也是画图、读图的最基本方法。形体之间的相互关系包括形体间的相对位置、形体间的组合形式和形体间的表面连接关系。其中，形体间的组合形式有叠加、挖切和综合；形体间的表面连接关系有平齐（不平齐）、相切和相交。

## 二、组合体的组合形式及种类

组合体的组合形式按其形状特征,可以分为三类。

1)叠加类组合体——由各种基本形体按不同形式叠加而形成的,如图 4-8 所示。

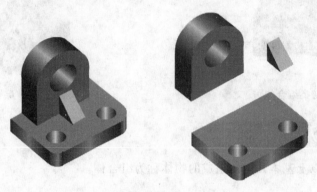

图 4-8　叠加类组合体

2)挖切类组合体——在基本形体(棱柱体、圆柱体等)上进行挖切(如钻孔、挖槽等)所得到的形体,如图 4-9 所示。

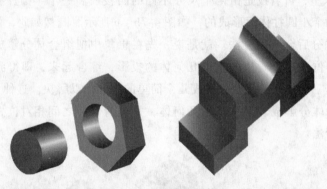

图 4-9　挖切类组合体

3)综合类组合体——由若干个基本形体经叠加及挖切所得到的形体,如图 4-10 所示。它是组合体中最常见的类型。

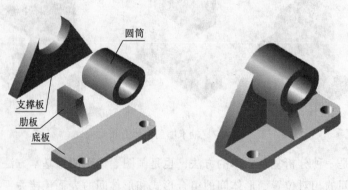

图 4-10　综合类组合体

### 三、组合体中各形体相邻表面之间的连接关系及其画法

在组合体中，各基本形体相邻表面间的连接关系分为不平齐、平齐、相切和相交四种情况。

1）当两基本形体的相邻表面不平齐时，相应视图中间应该有线隔开。图 4-11a 所示的组合体是由带半圆柱的棱柱和带凹槽的底板叠加而成，前后表面不平齐，其分界处应有线隔开，如图 4-11b 所示。如果漏画线，就成为一个连续表面了，是错误的，如图 4-11c 所示。

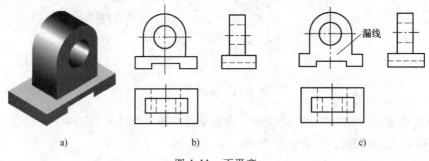

图 4-11  不平齐

a）立体图  b）正确  c）错误

2）当两基本形体的相邻表面平齐时，相应视图中间不应有线隔开。图 4-12a 所示组合体中两个基本形体的前后表面是平齐的，形成一个表面，分界线不存在了，如图 4-12b 所示。图 4-12c 所示的画法是错误的。

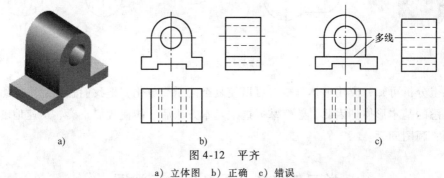

图 4-12  平齐

a）立体图  b）正确  c）错误

3）当两基本形体的相邻表面相切时，在相切处不应画线。图 4-13a 所示的物体，两形体侧表面相切，两表面连接处应光滑过渡，没有交线，在视图上相切处不应画线，但应特别注意它们相切处的投影关系，如图 4-13b 所示。图 4-13c 所示的画法是错误的，因相切处多画了图线。

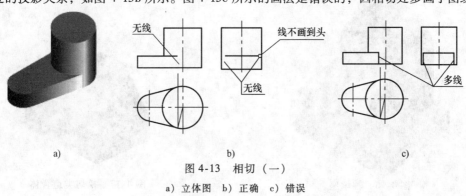

图 4-13  相切（一）

a）立体图  b）正确  c）错误

图 4-14a、b 分别给出了平面与圆柱面、圆锥面与圆球面相切的情况,请读者注意它们在视图中相切处的投影关系。

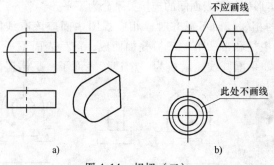

a)        b)

图 4-14　相切(二)

4)当两基本形体的相邻表面相交时,在相交处应画出交线,如图 4-15 所示。平面与曲面相交、曲面与曲面相交,都会产生交线。

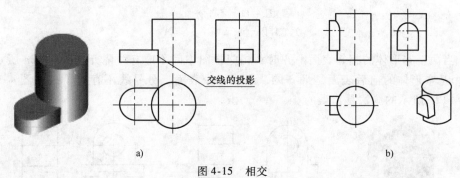

a)              b)

图 4-15　相交

经以上分析可知,应用形体分析法可以使复杂问题简单化,把我们感到陌生的组合体分解为较熟悉的基本形体。因此,熟练掌握这一基本方法后,能使我们正确、迅速地解决组合体的读图、画图问题。

## 学习任务 2　画组合体三视图

画出图 4-16、图 4-17 所示组合体的三视图。

图 4-16　轴承座

图 4-17　挖切类组合体

## 相关知识及拓展知识

画组合体视图时，常采用形体分析法，首先将组合体分解成几个组成部分，明确组合形成，然后按组合形式的不同，有步骤地进行作图。

**1. 叠加类组合体**

如图 4-18 所示，首先对实物进行形体分析，先把组合体分解为五个基本形体，即三个实体，两个虚体；然后分析确定它们之间的组合形式和相对位置。其作图过程如图 4-19 所示。

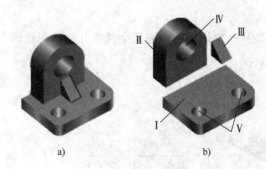

a)                                    b)

图 4-18 轴承座形体分析

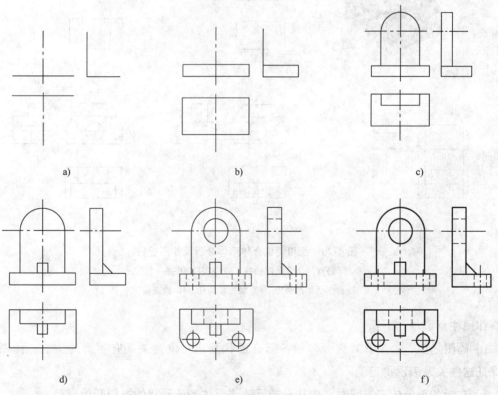

a)                    b)                    c)

d)                    e)                    f)

图 4-19 轴承座的作图过程

a）画基准线 b）画形体 I c）画形体 II

d）画形体 III e）画形体 IV、V 及圆角 f）检查、描深作图步骤如下：

1）对实物进行形体分析。

2）选择主视图，确定主视图位置和投射方向。

3）定图幅，选比例，画基准线。

4）从每一形体具有特征形状的视图开始，逐个画出三视图。

5）检查、加深图形。

在画图时要注意两个问题：①在视图中应怎样反映各形体之间的相对位置？②在视图中应该怎样反映各形体之间的相邻表面连接关系？

**2. 挖切类组合体**

挖切类组合体可看作是从一整体上挖切去几个基本几何体而成的，如图 4-20a 所示。其作图过程如图 4-20b ~ f 所示。

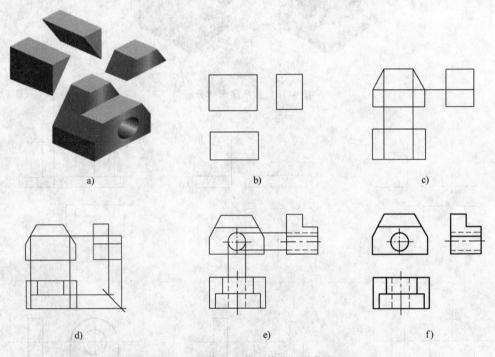

图 4-20　挖切类组合体形体分析及作图过程

a）作形体分析　b）画四棱柱　c）左右各切去一个三棱柱

d）画前面切割部分　e）画挖切圆孔　f）检查描深

作图注意事项如下：

1）画图之前，一定要对组合体的各部分形状及相互位置关系有明确的认识。画图时，要保证这些关系表示得正确。

2）在画各部分的三视图时，应从最能反映该形体特征形状的视图开始画起。

3）要细致地分析组合体各形体之间的表面连接关系。画图时注意不要漏线或多线。

挖切类组合体除了用形体分析法外，还要对一些斜面运用线面分析法。

线面分析法是在形体分析法的基础上，运用线、面的空间性质和投影规律，分析形体表面的投影，进行画图、读图的方法。在运用线面分析法读图时，须遵循下列原则：

1）"一框对两线"——投影面平行面。

2）"一线对两框"——投影面垂直面。

3）"三框相对应"——一般位置平面。

应注意面投影所具有的真实性、积聚性或类似性，特别是类似性的投影特征。

## 学习任务 3　读组合体的三视图

1）读懂图 4-21 所示组合体三视图，做出其模型或画出其轴测草图。

2）读懂图 4-22 所示两视图，补画其俯视图。

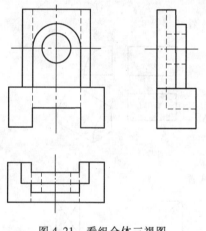

图 4-21　看组合体三视图

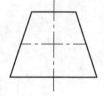

图 4-22　看懂两视图，补画俯视图

### 相关知识及拓展知识

画图是把空间的组合体用正投影法表示在平面上。读图是画图的逆过程，根据已画出的视图，运用投影规律，想象出组合体的空间形状。画图是读图的基础，而读图既能提高空间想象能力，又能提高投影的分析能力。

## 一、读图时的注意点

（1）读图的基本方法以形体分析法为主，线面分析法为辅。根据形体的视图，逐个识别各个形体，进而确定形体的组合形式和形体间相邻表面的相互位置。

（2）读图的要点

1）要从反映形体特征的视图入手，几个视图联系起来看。

2）要认真分析视图中的相邻线框，识别形体和形体表面间的相互位置。

3）要把想象中的形体与给定视图反复对照，善于抓住形状特征和位置特征视图。

物体的特征反映最充分的那个视图就是特征视图。读图时必须善于找出反映特征的视图，这样就便于想象其形状与位置。

图 4-23a ~ c 中的主视图是一样的，但它们却表示形状完全不同的三个物体。图 4-23d ~ f 中的俯视图都是两个同心圆，但它们却表示三个不同的物体。有时两个视图也不能唯一确定空间物体的形状，如图 4-24 所示，若只看主、俯视图，物体的形状仍然不能确定。由于左视图的不同，物体就有可能是图 4-24 所示的几种空间形状。如图 4-25、图 4-26 所示，主、俯视图相同，不同的左视图构成不同的物体。

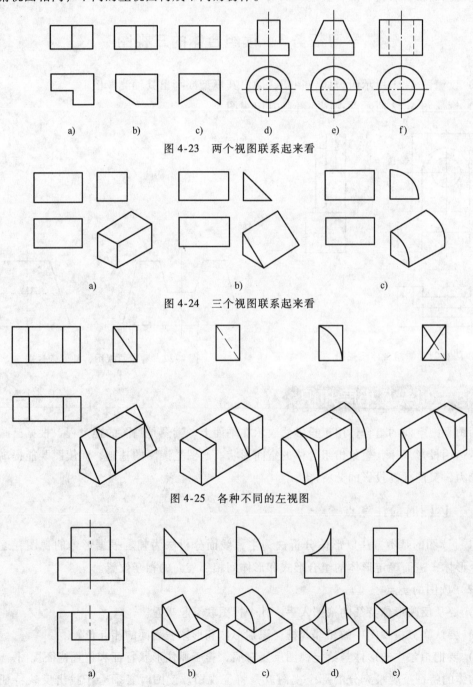

图 4-23　两个视图联系起来看

图 4-24　三个视图联系起来看

图 4-25　各种不同的左视图

图 4-26　对应两视图的多种形体构思

由此可见，读图时，不能只看一个或两个视图就下结论，必须把已知所有的视图联系起来看，进行分析、构思，才能想象出空间物体的确切形状。

## 二、读组合体视图的基本方法

1. 形体分析法

根据组合体视图的特点，将其大致分成几个部分，然后逐个将每一部分的几个投影进行分析，想出其形状，最后想象出物体的整体结构形状，这种读图方法称为形体分析法。读图时应注意以下几点。

（1）认识视图抓特征　抓特征就是抓主要矛盾，弄清物体的形状特征和各部分形体之间的位置特征。最能反映物体形状特征的视图称为物体的形状特征视图。最能反映相互位置关系的视图称为物体的位置特征视图。

（2）分析形体，对投影　参照物体的特征视图，从图上对物体进行形体分析，按照每一个封闭线框代表一块形体轮廓的投影的道理，把它分解成几个部分。根据三视图投影规律，分别想象出它们的形状。一般顺序是：先看主要部分，后看次要部分；先看容易确定的部分，后看难于确定的部分；先看整体形状，后看细节形状。

（3）综合起来想整体　在看懂每块形体的基础上，再根据整体的三视图，想象它们的相互位置关系，逐渐形成一个整体的形象。

**例 4-1**　用形体分析法读懂支承架三视图。

如图 4-27 所示，根据三视图的基本投影规律，从图上逐个识别出基本形体，再确定它们的组合形式及其相对位置，综合想象出组合体的形状。

读图的具体步骤为：

1）分线框，对投影　先看主视图，再联系其他两视图，按投影规律找出基本形体投影的对应关系，想象出该组合体可分成三部分，即立板Ⅰ、凸台Ⅱ和底板Ⅲ，如图 4-27a 所示。

2）识形体　根据每一部分的三视图，逐个想象出各基本形体的形状，如图 4-27b ~ d 所示。

3）综合起来想整体　根据三视图确定各基本形体的位置。每个基本形体的形状和位置确定后，整个组合体的形状也就确定了，如图 4-27e 所示。

总结以上介绍的内容，可得出形体分析法的读图步骤：

1）看视图、分线框。

2）对投影、识形体。

3）定位置、出整体。

对于形体清晰的零件，用形体分析方法读图就能解决问题。而对于复杂零件，用形体分析法往往不够，此时，可通过线面分析法来进行分析。

2. 线面分析法

视图中的一个封闭线框代表空间的一个面的投影，不同的线框代表不同的面。利用这个规律去分析物体的表面性质和相对位置的方法，称为线面分析法。这种方法主要用来分析视

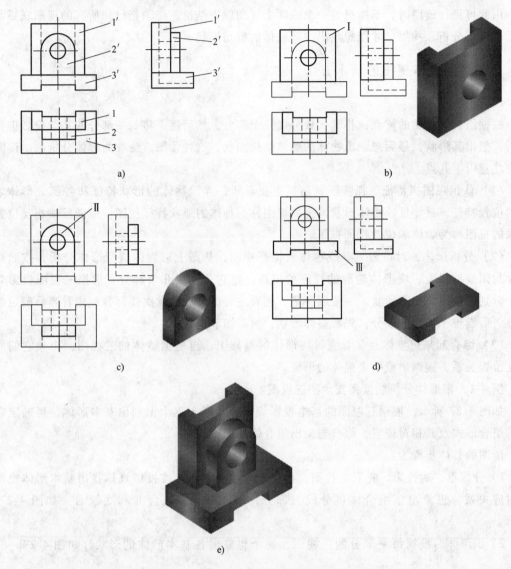

图 4-27　用形体分析法读图（支承架）的步骤

a）分线框，对投影　b）立板 I 的形状　c）凸台 II 的形状

d）底板 III 的形状　e）整体形状

图中的局部复杂投影，对于挖切类零件用得较多。

形体分析法从"体"的角度去分析立体的形状，把复杂立体（组合体）假想成由若干基本立体按照一定方式组合而成的；线面分析法则是从"面"的角度去分析立体的形状，把复杂立体假想成由若干基本表面按照一定方式包围而成的，确定了基本表面的形状以及基本表面间的关系，复杂立体的形状也就确定了。

**例 4-2**　用线面分析法读懂 4-28a 所示图形，并画出第三视图。

（1）进行形体分析　从组合体的视图来看，它是由一个四棱柱经挖切形成的。主视图中有一个八边形线框，棱柱体前后、左右分别被两个 $P$ 平面和两个 $Q$ 平面各切去一部分。

（2）进行线面分析  两个 $P$ 平面的俯、主视图一定呈类似形（八边形），但不反映 $P$ 平面的实形；两个 $Q$ 平面的俯、左视图一定呈类似形（四边形），但不反映 $Q$ 平面的实形。两个 $R$ 平面的俯、左视图也一定呈类似形（四边形），但不反映 $R$ 平面的实形。$S$、$T$、$U$ 平面在俯视图中的形状及位置由主、左视图来决定，均反映实形（四边形）。

（3）画出第三视图  根据以上分析，想象出物体的整体形状，并画出其俯视图。具体画图时，可先画具有实形的平面，后画具有类似性的平面，如图 4-28b～d 所示。

（4）检查  用平面的投影具有真实性、积聚性和类似性来检查图形是否正确。

（5）描深  如图 4-28e 所示。

组合体的空间结构形状如图 4-28f 所示。

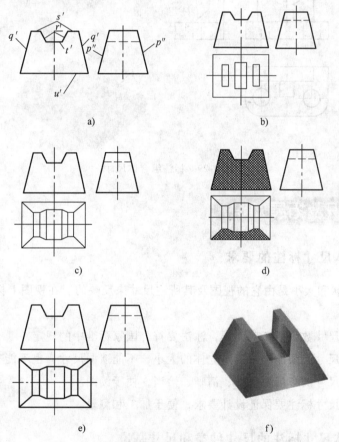

图 4-28  用线面分析法读图（补画第三视图）

a）已知条件  b）画实形平面  c）画类似性平面  d）检查  e）描深  f）想象空间形状

由上面的例题可知，线面分析法的读图步骤是：

1）看视图、分线框。

2）对投影、识面形。

3）定位置、出整体。

在读图时，一般先用形体分析法做粗略的分析，对图中的难点，再利用线面分析法做进一步的分析，即"形体分析看大概，线面分析看细节"。

## 学习任务 4　标注组合体尺寸

标注图 4-29 所示组合体的尺寸。

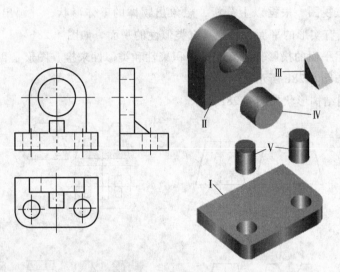

图 4-29　标注组合体尺寸

## 相关知识及拓展知识

### 一、组合体尺寸标注的要求

组合体的形状和大小是由它的视图及其所注尺寸来反映的。在视图上标注尺寸时，有以下基本要求。

(1) 正确　尺寸数值要正确无误，注法要符合国家标准中的规定。

(2) 完整　尺寸必须能唯一确定立体的大小，不能遗漏尺寸，也不能有重复尺寸。

(3) 清晰　尺寸的布局要整齐、清晰、恰当，便于读图。

(4) 合理　尺寸标注要保证设计要求，便于加工和测量。

### 二、组合体尺寸标注的尺寸种类和尺寸基准

要达到尺寸标注完整的要求，仍要应用形体分析法将组合体分解为若干基本形体，标注出确定各基本形体的形状和大小的尺寸，再标注出确定这些基本形体之间相对位置的尺寸，最后标注出组合体的总体尺寸。

因此，组合体的尺寸应包括下列三种尺寸。

(1) 定形尺寸　确定组合体中各基本形体的形状和大小的尺寸。

(2) 定位尺寸　确定组合体中各基本形体之间相对位置的尺寸。

(3) 总体尺寸　确定组合体的总长、总宽、总高的尺寸。

现以图 4-30 所示的组合体为例，说明其尺寸标注。

在形体分析的基础上，先标注出组合体中各基本形体的定形尺寸，如图 4-30a 所示。形体 I 应标注四个尺寸，即 60、34、10 和 R10；形体 II 应标注三个尺寸，即 14、22 和 R22，其长度尺寸 44 不必标注；形体 III 应标注三个尺寸，即 8、13、10；形体 IV 与形体 II 同宽，故标注一个尺寸 $\phi20$；形体 V 与形体 I 同高，标注一个尺寸 $\phi10$。然后标注定位尺寸。标注组合体的定位尺寸时，应该首先确定尺寸基准。

通常把标注和测量尺寸的起点称为尺寸基准。组合体有长、宽、高三个方向的尺寸，每个方向至少应该有一个尺寸基准，用来确定基本形体在该方向的相对位置。当某个方向的尺寸基准多于一个时，其中有一个是主要基准，其余为辅助基准。

标注尺寸时，一般以组合体较大的平面（对称面、底面或端面）、直线（回转轴线或转向轮廓线）、点（球心）作为尺寸基准。曲面一般不能作为尺寸基准。

如图 4-30b 所示，组合体高度方向的尺寸以底端面为尺寸基准，标注尺寸 32 确定形体 IV 的中心位置；形体 III 高度方向的定位尺寸，由形体 I 的定形尺寸 10 所代替。长度方向的

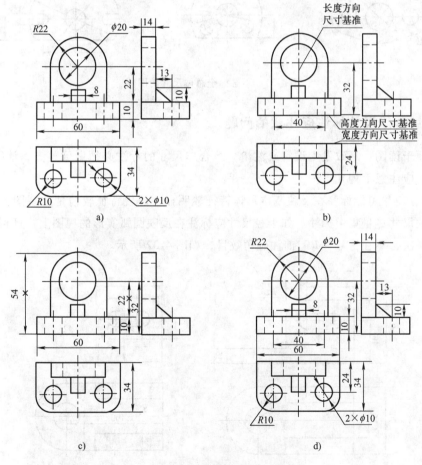

图 4-30  组合体的尺寸标注

a）标注定形尺寸  b）选择基准并标注定位尺寸

c）调整总体尺寸  d）标注组合体的全部尺寸

尺寸以组合体的对称平面为尺寸基准，标注尺寸40确定形体V的相对位置。宽度方向的尺寸以后端面为尺寸基准，标注尺寸24确定形体V的中心位置。

最后调整总体尺寸。如图4-30c所示，形体Ⅰ的长、宽方向的定形尺寸即是组合体长、宽方向的总体尺寸。组合体的总高尺寸54与尺寸32、R22重复，为了加工时便于确定圆孔ϕ20的中心位置，应直接标注出圆孔的中心高32，不注总高尺寸54，并应删去定形尺寸22。

由此可见，当组合体的一端为回转体时，该方向的总体尺寸一般不标注，但必须标注出回转体中心的定位尺寸和半径（或直径）尺寸。因此，对于某些组合体来讲，其总体尺寸不一定都要求标注全。

图4-30d所示为组合体应标注的全部尺寸。

图4-31所示为不必标全总体尺寸的图例。

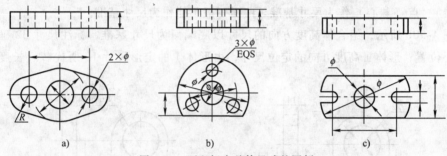

图4-31　不必标全总体尺寸的图例

## 三、组合体尺寸标注应注意的问题

为了便于读图，不致发生误解或混淆，组合体尺寸的标注必须做到整齐、清晰。因此，标注尺寸时应注意下列几点。

1）尺寸应尽可能标注在反映基本形体特征较明显、位置特征较清楚的视图上，且同一形体的相关尺寸尽量集中标注。如半径尺寸应标注在反映圆弧实形的视图上，且相同的圆角半径只注一次，不在符号"R"前注圆角数目，如图4-32所示。

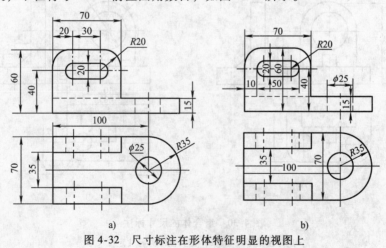

图4-32　尺寸标注在形体特征明显的视图上
a）好　b）不好

2）为了保持图形清晰，虚线上应尽量不注尺寸，如图4-33所示。

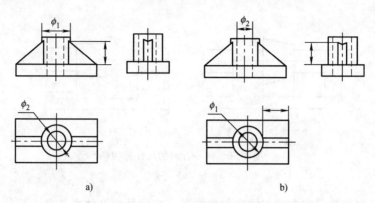

a)　　　　　　　　　　　　b)

图4-33　虚线上不注尺寸

a）好　b）不好

3）尺寸应尽量放在视图外边，尺寸排列要整齐，且应小尺寸在里（靠近图形），大尺寸在外。避免尺寸线和其他尺寸的尺寸界线相交，如图4-34所示。

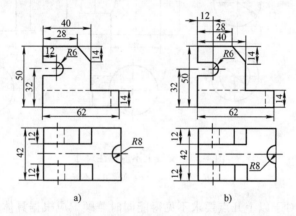

a)　　　　　　　　　　　　b)

图4-34　尺寸尽量注在视图外边，且小尺寸在里，大尺寸在外

a）好　b）不好

4）同轴回转体的各直径尺寸应尽量注在非圆（平行于回转轴）视图上，如图4-35所示。

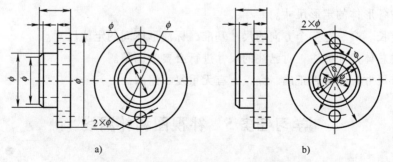

a)　　　　　　　　　　　　b)

图4-35　圆的直径尺寸尽量注在非圆视图上

a）好　b）不好

5）同一方向的尺寸线，在不重叠的情况下，应尽量布置在同一条直线上，如图 4-36 所示。

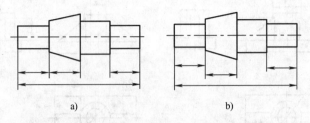

图 4-36　同一方向的尺寸标注

a）好　b）不好

6）尺寸不要直接标注在截交线和相贯线上。交线是组合体中各基本形体间叠加（或挖切）相交时自然产生的，所以在交线上不应直接标注尺寸，如图 4-37 所示。

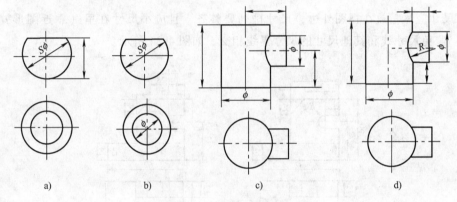

图 4-37　交线上不应标注尺寸

a）好　b）不好　c）好　d）不好

在标注尺寸时，对于以上几点要求不见得能同时兼顾，应根据具体情况，统筹安排，合理布置。

### 四、标注组合体尺寸的步骤

1）进行形体分析。

2）标注各形体的定形尺寸。

3）确定长、高、宽三个方向的尺寸基准，标注形体间的定位尺寸。

4）考虑总体尺寸标注，对已注的尺寸进行必要的调整。

5）检查尺寸标注是否正确、完整，有无重复、遗漏。

## 学习任务 5　补视图和补漏线

1. 补视图

读懂图 4-38 中的主、左视图，并补画俯视图。

**2. 补漏线**

已知压块的三视图（图 4-39），补画其所漏的图线。

图 4-38　补画俯视图　　　　　　　　　　　图 4-39　补漏线

## 相关知识及拓展知识

补视图、补漏线是提高读图能力及空间想象能力的方法之一。补视图、补漏线是根据已知的完整视图或漏线的视图，通过分析作出判断，并经过试补、调整、验证想象，最后作出所求的视图或补出视图中的漏线。

**例 4-3**　读懂图 4-40a 所示组合体的视图，并补画俯视图。

1）读组合体的主、左视图，想象出组合体的空间形状。从主视图入手，可将主视图线框分为 A、B、C、D 四个部分，如图 4-40a 所示。再由主、左视图的对应关系，想象出物体各部分的形状，如图 4-40b ~ d 所示。

最后综合归纳，想象出组合体的整体形状，如图 4-40e 所示。

2）补画俯视图。在读懂视图、想象出组合体形状的基础上，用形体分析法依次画出各部分的俯视图，如图 4-41a ~ c 所示。再按照各部分之间表面连接关系经整理、检查后，绘出俯视图，如图 4-41d 所示。

**例 4-4**　如图 4-42a 所示，补全组合体（压块）视图中的漏线。

1）读懂漏线的压块三视图，想象出整体形状。对图 4-42a 所示漏线的三视图进行投影分析，可知压块是挖切类组合体，可用线面分析法读图，从而查找出所漏的图线。

① 由俯视图左部的前、后斜线与主视图线框对应关系可知，压块左部的前、后面与 H 面垂直。根据垂直面的投影特性可知，其左视图的前、后部位应是与主视图相对应的类似形。

② 从俯视图上的两同心圆与左视图上对应的虚线可知，压块中部是一沉孔，从而判定主视图遗漏了该孔的虚线。

把所漏图线考虑进来，便可想象出压块的形状，如图 4-42b 所示。

2）在想象出压块整体形状的基础上，依次补画出主、左视图中的漏线。作图过程如图 4-42c、d 所示。

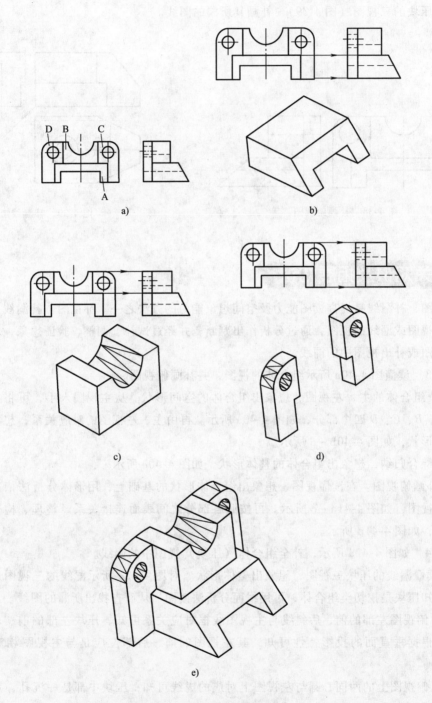

图 4-40　用形体分析法读图

a）组合体的视图　b）想象 *A* 部分的形状　c）想象 *B* 部分的形状

d）想象 *C*、*D* 部分形状　e）想象出组合体的形状

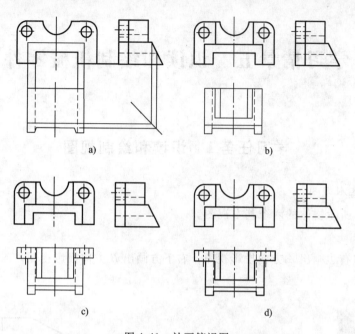

图 4-41 补画俯视图

a）画 A 部分 b）画 B 部分 c）画 C、D 部分 d）检查并描深

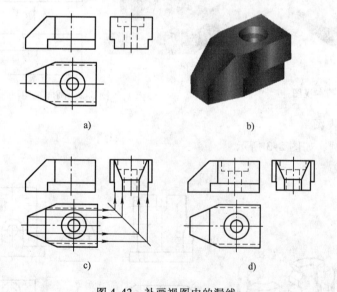

图 4-42 补画视图中的漏线

a）已知条件 b）根据已知条件想象出压块形状

c）补画左视图中的漏线 d）补画主视图中的漏线

# 学习情景五 识读和绘制机械零件

## 学习任务1 识读和绘制视图

1. 画六个基本视图

画出图 5-1 所示物体的六个基本视图。

2. 画向视图

在图 5-2 的右边画出 A 方向投影视图，右下方画出 B 方向投影视图。

图 5-1 画六个基本视图　　　　　　　　　　图 5-2 画向视图

3. 认识局部视图

局部视图示例，如图 5-3 所示。

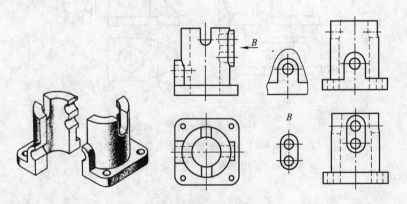

图 5-3 局部视图示例

4. 画斜视图

在图 5-4 中画斜视图。

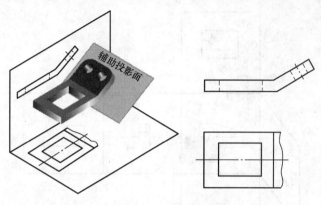

图 5-4　画斜视图

## 相关知识及拓展知识

视图包括基本视图、向视图、局部视图和斜视图。

### 一、基本视图

基本视图是机件向基本投影面投射所得到的视图。基本投影面是在原有的三个投影面（正立投影面 $V$、水平投影面 $H$ 和侧立投影面 $W$）的基础上，再增加三个投影面构成的一个正六面体的六个面（图 5-5）。将机件放置在正六面体中，分别向六个基本投影面投射所得到的视图（主、俯、左、右、后、仰）称为基本视图（图 5-6）。

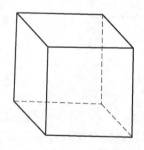

图 5-5　六个基本投影面

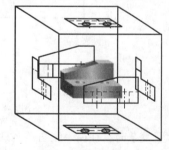

图 5-6　六个基本视图

六个基本投影面的展开方法如图 5-7 所示。

六个基本视图的配置关系以主视图为基准，其他视图均可不标注视图的名称，如图 5-8 所示。

六个基本视图之间的尺寸应符合"长对正、高平齐、宽相等"的三等规律。方位上以主视图为基准，除后视图外，各视图的里边（靠近主视图的一边）均表示机件的后面；各视图的外边（远离主视图的一边）均表示机件的前面，即"里后外前"。

### 二、向视图

向视图是可以自由配置的视图。视图一般按图 5-8 所示的方式配置，但在一些特殊情况下，

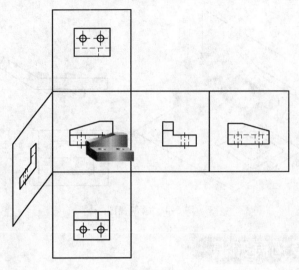

图 5-7　六个基本投影面的展开方法

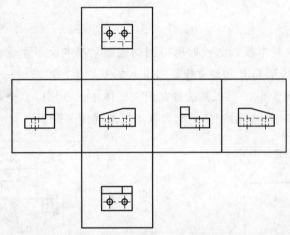

图 5-8　六个基本视图的配置关系

如机件大且复杂时，往往一张图样上只画一个视图，为了便于读图，应在视图上方用大写拉丁字母标注视图的名称（如"A""B"等），而且在相应的视图附近用箭头指明投射方向，并标注相同的字母，如图 5-9 所示。向视图中表示投射方向的箭头应尽可能配置在主视图上，以使所获视图与基本视图相一致。表示后视图投射方向的箭头，最好配置在左视图或右视图上。

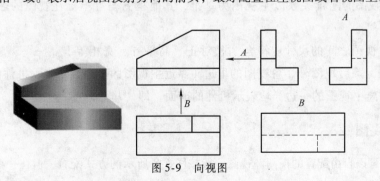

图 5-9　向视图

### 三、局部视图

将机件的某一部分向基本投影面投射所得到的视图称为局部视图。局部视图只画出基本视图的一部分，断裂边界以波浪线（或双折线）表示。当局部结构完整，视图外形轮廓成封闭状态时，可省略波浪线（或双折线），如图5-13所示。

### 四、斜视图

机件向不平行于任何基本投影面的平面投射所得到的视图称为斜视图。

将机件上在基本视图中不能反映实形的倾斜部分向新的辅助投影面（辅助投影面应与机件上倾斜部分平行且垂直于某一个基本投影面）投射并展开，即可得到反映该部分实形的斜视图（图5-10）。斜视图只反映机件上倾斜结构的实形，其余部分省略不画。斜视图的断裂边界可用波浪线或双折线表示。

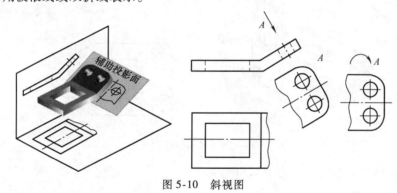

图5-10 斜视图

### 五、识读局部视图和斜视图的方法

1）在视图中找带字母的箭头，看清所示部位和投射方向，然后找对应相同字母的视图"×"。

2）视图通常是放在箭头所指的方向，如图5-10所示的A向斜视图；有时也可放在其他位置，如图5-13所示的B向局部视图。

3）若局部视图按基本视图的投影关系位置配置，中间又没有其他图形隔开时，可省略标注；若按向视图位置配置时一般需进行标注，用带字母的箭头标明所要表达的部位和投射方向，并在局部视图上方标注相应的视图名称，如图5-13所示。

4）看斜视图时应注意，投射方向是斜的，一定标注投射方向和视图名称"×"。若视图转正放置，则应在斜视图上方标注"⌒"旋转符号，其与图形实际旋转方向一致，如图5-10所示。

## 学习任务2 识读和绘制剖视图

1. 画全剖视图

1）画单一剖切面的全剖视图，如图5-11所示。

2）画斜剖的全剖视图，如图5-12所示。

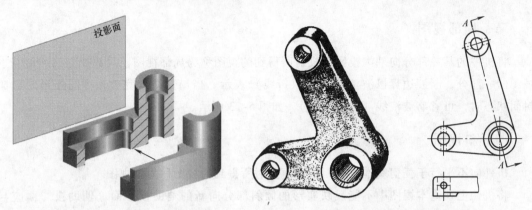

图 5-11  画单一剖切面的全剖视图          图 5-12  画斜剖的全剖视图

3）画阶梯剖的全剖视图，如图 5-13 所示。

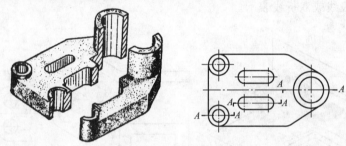

图 5-13  画阶梯剖的全剖视图

4）画旋转剖的全剖视图，如图 5-14 所示。

2. 画半剖视图

画半剖视图，如图 5-15 所示。

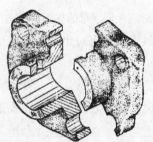

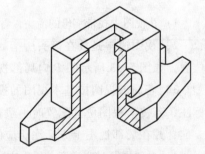

图 5-14  画旋转剖的全剖视图          图 5-15  画半剖视图

3. 画局部剖视图

画局部剖视图，如图 5-16 所示。

### 相关知识及拓展知识

当机件视图中不可见部分的形状和结构复杂时，视图中会出现较多的虚线，虚线绘制不如实线方便，并且这些虚线往往与外形轮廓线（粗实线）重叠交错，使得图形不够清晰，这样既不便于画图与读图，也不便于标注尺寸，而且用基本视图、向视图、局部视图和斜视图又不能得到解决时，为了使原来视图中不可见部分的虚线转化为可见的实线，达到简化图形的目的，国家标准规定了剖视图的基本表示法。

## 一、剖视图的概念及其画法

### 1. 概念

假想用剖切面剖开机件，将处在观察者和剖切面之间的部分移去，而将其余部分向投影面投射所得到的图形称为剖视图，简称剖视（图5-17、图5-18）。

图5-16　画局部剖视图

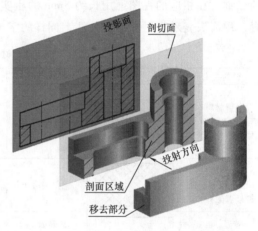

图5-17　剖视图的概念

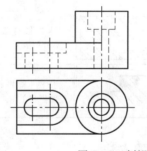
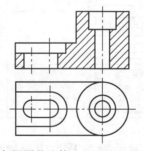

图5-18　剖视图与视图的比较

### 2. 画剖视图的步骤

1）分析给出的视图，想象机件的形状和结构，找出虚线较多的视图，选择适当的剖视种类和剖切位置把其改画成剖视图。

2）用剖切平面或柱面找到适当的剖切位置（一般为结构的对称平面或中心平面）剖开机件，将原来视图上不可见的孔和槽的虚线在剖视图上画成可见的实线。检查剖切平面后的可见部分是否也用实线表示出来了。

3）在机件与剖切平面相接触的剖面区域内，根据材料的不同画出规定的剖面符号，见表5-1。图中没有材料说明的通常使用金属材料的剖面线。剖面线间隔应按剖面区域大小选择，剖面区域较大时，剖面线间隔相应也较大。金属材料的剖面线应以适当角度的细实线绘制，最好与主要轮廓线或剖面区域的对称线成45°，如图5-19所示。

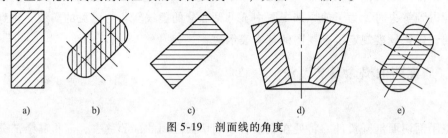

图 5-19　剖面线的角度

4）绘制剖视图后，一般应在剖视图的上方用大写拉丁字母标出"×—×"表示剖视图的名称；在相应的视图上用长约5mm的粗实线分别，画在剖切位置的两端，以表示剖切位置；用箭头表示投射方向，并注上同样的字母。根据具体情况也可作相应的省略。

表 5-1　材料的剖面符号

| 材料类别 | 图例 | 材料类别 | 图例 | 材料类别 | 图例 |
|---|---|---|---|---|---|
| 金属材料（已有规定剖面符号者除外） |  | 型砂、填砂、粉末冶金、砂轮、陶瓷刀片、硬质合金刀片等 |  | 木材纵剖面 |  |
| 非金属材料（已有规定剖面符号者除外） |  | 钢筋混凝土 |  | 木材横剖面 |  |
| 转子、电枢、变压器和电抗器等的迭钢片 |  | 玻璃及供观察用的其他透明材料 |  | 液体 |  |
| 线圈绕组元件 |  | 砖 |  | 木质胶合板（不分层数） |  |
| 混凝土 |  | 基础周围的泥土 |  | 格网（筛网、过滤网等） |  |

## 二、常见剖视图的种类及识读剖视图的方法

由于剖切面剖切机件的范围不同，剖视图可分为全剖视图、半剖视图和局部剖视图三种。

### 1. 全剖视图

全剖视图是用剖切平面完全剖开机件所得到的剖视图。剖切平面可以是单一剖切平面，倾斜的、相交的、平行的、组合的剖切平面。全剖视图主要用于表达内部形状复杂的不对称机件或外形简单的对称机件。"完全剖开，全部移去"所得到的剖视图都是全剖视图。

### 2. 半剖视图

当机件具有对称平面时，向垂直于对称平面的投影面上投射所得到的图形，可以对称中心线为界，一半画成剖视图，另一半画成视图，这种组合的图形称为半剖视图。半剖视图是"完全剖开，取走一半"所得到的剖视图。

**3. 局部剖视图**

用剖切平面局部地剖开机件所得到的剖视图称为局部剖视图。

局部剖视图主要用于表达机件局部的内部形状结构，或不宜采用全剖视图与半剖视图的地方（如轴、连杆、螺钉等实心机件上的某些孔或槽等）。

画局部剖视图时，需用波浪线将被剖部分（剖视图）与未剖部分（视图）区分开，这是全剖视图与局部剖视图的明显区别。作为分界用的波浪线，应画在机件的实体部分，不能在穿通的孔或槽中连起来；不能超越视图轮廓线之外；也不能与视图上其他图线重合。

**4. 识读剖视图的方法**

剖视图的标注有以下内容；表示投射方向的箭头；表示剖切平面位置的长约 5mm 的两段粗实线；表示剖视图名称及剖切平面名称的字母，如"$A—A$""$B—B$""$C—C$"及"$A$""$B$""$C$"等。

1）找到视图中两段粗实线确定剖切平面位置，剖切位置两端标注的箭头表明了投射方向，然后根据剖切位置上的字母找到对应的剖视图。

2）图中剖视图的剖切位置两端标注的箭头是用来指明投射方向的。若剖视图与对应视图之间有直接的投影关系，可省略投射方向，即箭头。

3）表示剖视图名称及剖切平面名称的字母按 $A$、$B$、$C$…的顺序标注。

常见剖视图的识读见表 5-2。

表 5-2 常见剖视图的识读

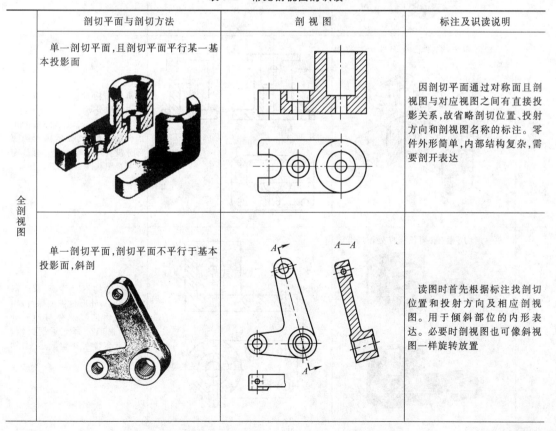

| | 剖切平面与剖切方法 | 剖 视 图 | 标注及识读说明 |
|---|---|---|---|
| 全剖视图 | 单一剖切平面，且剖切平面平行某一基本投影面 | | 因剖切平面通过对称面且剖视图与对应视图之间有直接投影关系，故省略剖切位置、投射方向和剖视图名称的标注。零件外形简单，内部结构复杂，需要剖开表达 |
| | 单一剖切平面，剖切平面不平行于基本投影面，斜剖 | | 读图时首先根据标注找剖切位置和投射方向及相应剖视图。用于倾斜部位的内形表达。必要时剖视图也可像斜视图一样旋转放置 |

（续）

| 剖切平面与剖切方法 | 剖 视 图 | 标注及识读说明 |
|---|---|---|
| **全剖视图** 几个平行剖切平面,阶梯剖 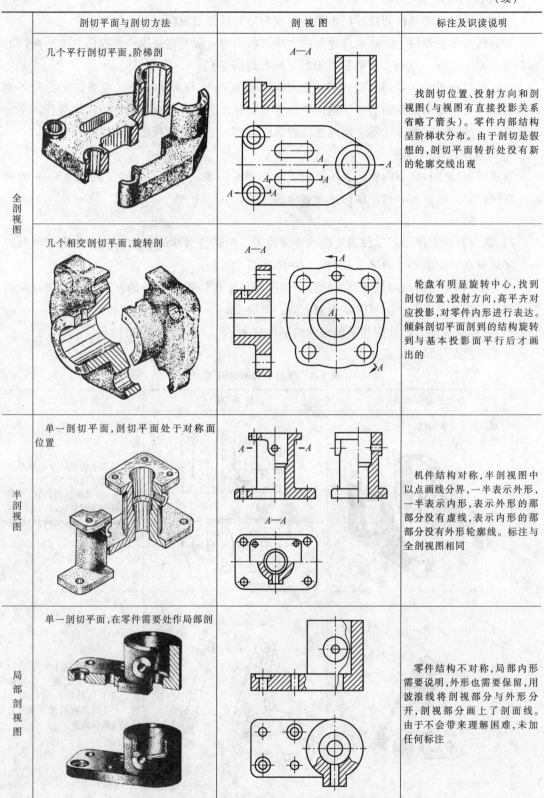 | A—A | 找剖切位置、投射方向和剖视图(与视图有直接投影关系省略了箭头)。零件内部结构呈阶梯状分布。由于剖切是假想的,剖切平面转折处没有新的轮廓交线出现 |
| 几个相交剖切平面,旋转剖 | A—A | 轮盘有明显旋转中心,找到剖切位置、投射方向,高平齐对应投影,对零件内形进行表达。倾斜剖切平面剖到的结构旋转到与基本投影面平行后才画出的 |
| **半剖视图** 单一剖切平面,剖切平面处于对称面位置 | A—A | 机件结构对称,半剖视图中以点画线分界,一半表示外形,一半表示内形,表示外形的那部分没有虚线,表示内形的那部分没有外形轮廓线。标注与全剖视图相同 |
| **局部剖视图** 单一剖切平面,在零件需要处作局部剖 | | 零件结构不对称,局部内形需要说明,外形也需要保留,用波浪线将剖视部分与外形分开,剖视部分画上了剖面线。由于不会带来理解困难,未加任何标注 |

### 三、画剖视图需注意的问题

1）剖面线画法。

① 如图 5-20 所示当机件上画 45° 剖面线会与轮廓线平行时，剖面线应画成 30° 或 60°，其倾斜方向仍与其他图形的剖面线方向一致，而其他视图仍应按规定绘制成 45° 剖面线；同一机件的各个剖面区域，其剖面线画法（间隔、方向、倾斜角度）应一致。

② 剖面线应画在剖切平面与机件材料相接触的区域，未接触处不画剖面线，如图 5-21 所示。

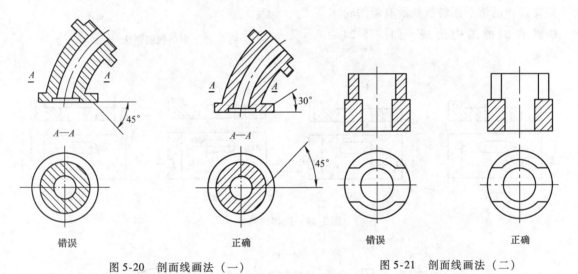

图 5-20　剖面线画法（一）　　　　　　　图 5-21　剖面线画法（二）

2）在剖视图中，剖切平面后面的可见轮廓应全部用粗实线画出，不应出现漏画线的错误，如图 5-22 所示。

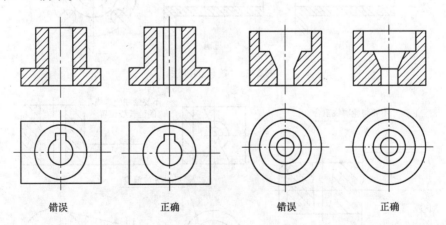

图 5-22　剖切平面后的可见轮廓线

3）在半剖视图中，机件的内部结构在半个剖视图中已经表达清楚时，在另半个视图中不应画出表示机件内部结构的虚线。半个视图与半个剖视图以细点画线为界，不应画成粗实线，因为剖切是假想的，并不是真的把机件切开并拿走一部分。因此，当一个视图取剖视后，其余视图应按完整机件画出，如图5-23所示。

4）采用几个平行的剖切平面剖切时，要正确选择剖切平面的位置，转折位置不应与轮廓线重合，转折应为垂直转折；剖视图内不应出现不完整要素；剖切平面转折处没有新的轮廓线在剖视图中出现，如图5-24所示。

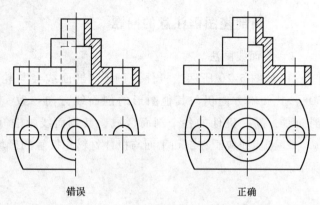

图 5-23 半剖视图画法

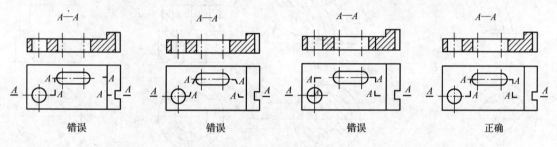

图 5-24 阶梯剖画法

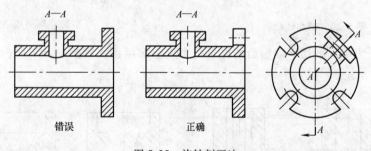

图 5-25 旋转剖画法

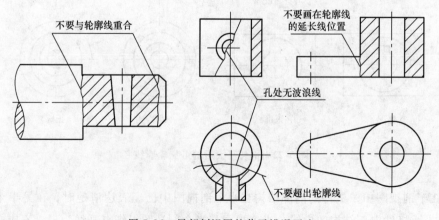

图 5-26 局部剖视图的若干错误画法

5）在旋转剖中，应先假想按剖切位置剖开机件，然后将被剖切平面剖开的结构及有关部分旋转到与选定的投影面平行后再进行投射，如图 5-25 所示。

6）局部剖视图的波浪线不能与视图上其他图线重合，不能处于轮廓线的延长线位置，也不能超出被剖开部分的外形轮廓线；孔中不应有波浪线，如图 5-26 所示。

## 学习任务 3　识读和绘制断面图

1. 画移出断面图

画出图 5-27 所示轴左端处的移出断面图。

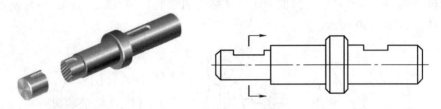

图 5-27　画移出断面图

2. 认识重合断面图

重合断面图示例如图 5-28 所示。

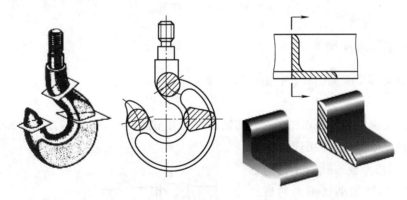

图 5-28　重合断面图示例

### 相关知识及拓展知识

在用剖视图表达机件时，不仅要画出剖切平面与机件相接触部分的图形，还要画出剖切平面后的可见部分。当剖切平面后的结构在剖视图中对机件结构表达无关紧要时，为了图形更清晰、简洁，便于标注尺寸，对这部分图形进行省略不画，这就是断面图的表达。

### 一、断面图的概念

假想用剖切平面将物体的某处切断，一般仅画出该剖切平面与机件接触部分的图形，称为断面图，简称断面，如图5-29所示。

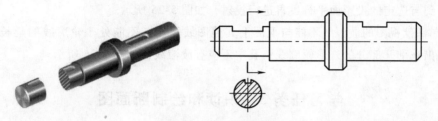

图5-29　断面图的概念

断面图常用于表达机件上的肋板（肋板是机件上的常见结构，其作用是使机件既节省材料、减轻重量，又具有足够的强度，通常又称为加强筋）、轮辐、键槽、小孔及各种型材的断面形状，如图5-30所示。

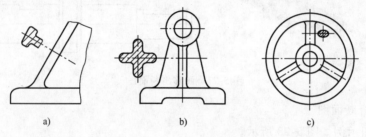

图5-30　断面图的应用示例

## 二、断面图的种类

断面图分为移出断面图和重合断面图两种。

1. 移出断面图

画在视图轮廓之外的断面图称为移出断面。移出断面图的轮廓线用粗实线绘制。移出断面图常按以下原则绘制和配置。

1）单一剖切平面、几个平行的剖切平面和几个相交的剖切平面的概念及功能同样适用于断面图。

2）移出断面图应尽量配置在剖切平面迹线的延长线上，或剖切符号的延长线上。当不在延长线上时，应进行标注，如图5-31所示。

3）由两个或多个相交的剖切平面剖切所得到的断面图，中间一般应断开，如图5-32所示。

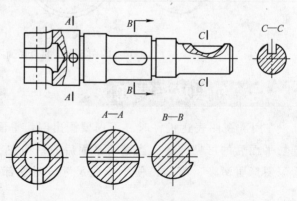

图5-31　移出断面图的配置

4）断面图形对称时，移出断面图可配置在视图的中断处，如图5-33所示。

画移出断面图时的注意事项：

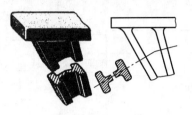

图 5-32　两相交剖切平面剖出的移出断面图

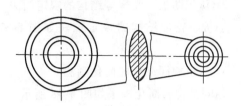

图 5-33　移出断面图配置在视图的中断处

1）当剖切平面通过回转面形成的孔或凹坑的轴线时，这些结构应按剖视图绘制，如图 5-34 所示。

2）当剖切平面通过非圆孔，出现完全分离的两个断面时，这些结构应按剖视图绘制，如图 5-35 所示。

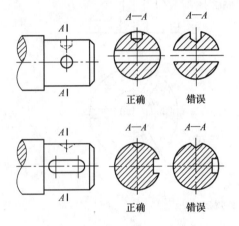

图 5-34　带有孔或凹坑的断面图

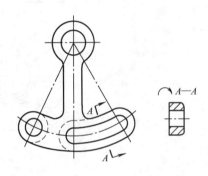

图 5-35　按剖视图绘制的非圆孔的断面图

移出断面图的标注方法。

1）画移出断面图时，一般应用剖切符号表示剖切位置，用箭头表示投射方向并注上大写拉丁字母，在移出断面图的上方用同样的字母标出相应的名称；有些情况也可省略标注。

2）配置在剖切平面迹线的延长线上，或剖切符号的延长线上的移出断面图，不标注字母。

3）移出断面图如按投影关系配置，则省略箭头。当其不按投影关系配置时，若剖开机件后向不同方向投影，所得到的断面图形相同时则省略箭头，否则应标注箭头。

**2. 重合断面图**

画在视图轮廓线内的断面图，称为重合断面图，如图 5-28 所示。

重合断面图的轮廓线用细实线绘制。当视图中的轮廓线与重合断面的图形重叠时，视图中的轮廓线仍应连续画出，不可间断（只有这种情况下剖面线才有可能穿越粗实线），如图 5-28 所示。

## 学习任务 4　掌握其他表达方法

1. 认识局部放大图

局部放大图示例如图 5-36 所示。

2. 认识肋板、轮辐等结构的规定画法

肋板、轮辐结构的规定画法如图 5-37 所示。

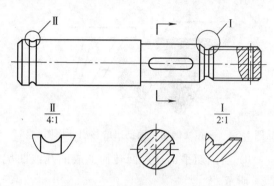

图 5-36　局部放大图示例

3. 认识相同结构的简化画法

相同结构的简化画法如图 5-38 所示。

4. 认识较长机件的断开画法

较长机件的断开画法如图 5-39 所示。

5. 认识较小结构的简化画法

较小结构的简化画法如图 5-40 所示。

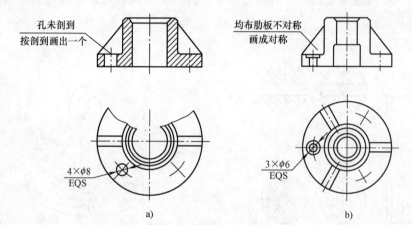

图 5-37　肋板、轮辐结构的规定画法

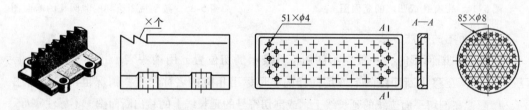

图 5-38　相同结构的简化画法

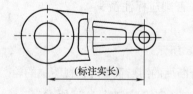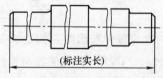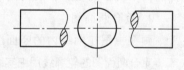

图 5-39　较长机件的断开画法

6. 认识某些结构的示意画法

平面、滚花的示意画法如图 5-41 所示。

7. 认识对称机件的简化画法

对称机件的简化画法如图 5-42 所示。

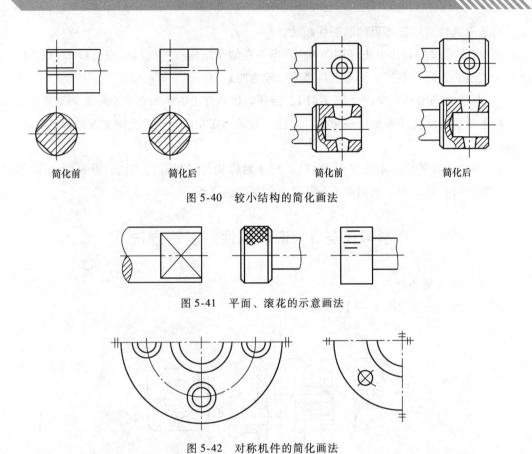

简化前　　　　　　简化后　　　　　　简化前　　　　　　简化后

图 5-40　较小结构的简化画法

图 5-41　平面、滚花的示意画法

图 5-42　对称机件的简化画法

## 相关知识及拓展知识

为了使图形清晰，画图方便，国家标准还规定了局部放大图和简化画法等，供绘图时选用。

1）局部放大图（图 5-36）。绘制局部放大图时，除螺纹牙型、齿轮和链轮的齿形外，应用细实线圆（或长圆）圈出被放大的部位。当同一机件上有几个被放大的部分时，必须用罗马数字依次标明被放大的部位，并在局部放大图的上方标出相应的罗马数字和所采用的比例。各放大图比例不求统一，表达方法的选择与原图无关。

2）肋板、轮辐等结构的规定画法（图 5-37）。对于机件的肋、轮辐及薄壁等，如按纵向剖切，这些结构都不画剖面符号，而用粗实线（此粗实线为剖切平面与立体的交线）将它与其邻接部分分开。回转体机件上均匀分布的肋、轮辐、孔等结构不处于剖切平面上时，可将这些结构旋转到剖切平面上画出。

3）相同结构的简化画法（图 5-38）。当机件具有若干相同结构（齿或槽等）时，只需画出几个完整的结构，其余用细实线连接，并注明该结构的总数。若干直径相同且成规律分布的孔，可以仅画出一个或几个，其余用细点画线或"＋"表示其中心位置。

4）较长机件的断开画法（图 5-39）。较长的机件（轴、型材、连杆等）沿长度方向形状一致或按一定规律变化时，可断开后缩短绘制，采用这一画法后标注尺寸时应标注实际尺寸。圆柱形机件常用花瓣形的断裂线画法。

5）较小结构的简化画法（图5-40）。当一些细小结构（相贯线、截交线等）已在一个图形中表达清楚时，在其他图形上应当简化或省略。

6）某些结构的示意画法（图5-41）。当回转体机件上的平面在图形中不能充分表达时，可用两条相交的细实线表示这些平面。滚花一般采用在轮廓线附近用细实线局部画出的方法表示。

7）对称机件的简化画法（图5-42）。对于对称构件或机件的视图，可只画一半或四分之一，并在对称线的两端画出两条与其垂直的平行细实线。

## 学习任务5　识读机件的表达方法

1. 识读阀体的表达方法

阀体的表达方法如图5-43所示。

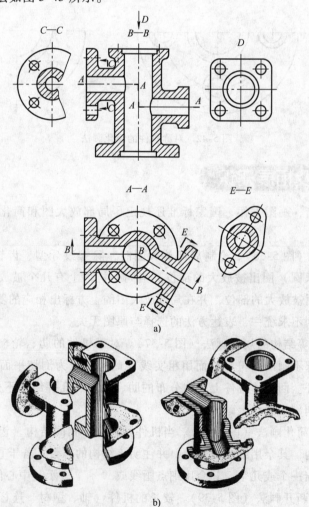

a)

b)

图5-43　阀体的表达方法

2. 识读支架的表达方法

支架的表达方法如图 5-44 所示。

## 相关知识及拓展知识

### 一、读图要求

较复杂的机件往往综合运用多种表达方法。读图时，同时要涉及视图、剖视图、断面图的识读等问题，应通过分析，弄清视图的名称、剖切位置、投射方向、各视图的表达意图以及它们之间的关系，从而想象出机件的整体结构形状。

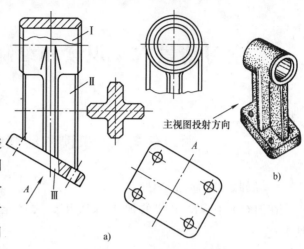

主视图投射方向

a)

b)

图 5-44　支架的表达方法

### 二、读图的方法和步骤

**例 5-1**　识读阀体图，如图 5-43a 所示。

1）分析各视图的特点。视图数量共 5 个。根据视图名称，在相应视图上找出剖切符号、剖切位置和投射方向。主视图"$B—B$"是用两个相交的平面剖切，经旋转使其与正平面平行后再由前向后投射得到的全剖视图；俯视图"$A—A$"是用两个平行的平面剖切，由上向下投射得到的全剖视图；右视图是用单一平面剖切，由右向左投射得到的全剖视图；还有一个自上而下投射获得的向视图 $D$ 和一个用单一斜剖切平面剖切获得，移位放置的全剖视图。

2）分部分想形状，综合起来想整体。看剖视图的基本方法也是形体分析法，即分部分，想形状。从分析可知，该机件的结构较为规整，基本结构为四通管，四个大小不同的凸缘及其上面的通孔都是根据安装需要设置的。该机件的整体结构形状如图 5-43b 所示。

**例 5-2**　识读支架图，如图 5-44a 所示。

1）分析各视图的特点。视图数量共 4 个用单一平面剖切两处的局部剖主视图；表达 Ⅰ 部分形状特征的局部左视图；表达倾斜部分结构的 A 向斜视图；表达连接板形状的一个移出断面图。

2）分部分想形状，综合起来想整体。从分析可知，该支架的结构由上、中、下三部分组成，上部Ⅰ是一空心的水平圆柱体，中间Ⅱ由十字形肋板连接，下部Ⅲ是一个倾斜的钻有四个光孔的底板。该机件的整体结构形状如图 5-44b 所示。

# 学习情景六　识读和绘制标准件与常用件

## 学习任务 1　识读和绘制螺纹与螺纹联接

**1. 认知螺纹的加工方法**

在图 6-1 中标出螺纹的加工方法和螺纹终止位置，并说明图 6-1c 中底部为什么是 120°。

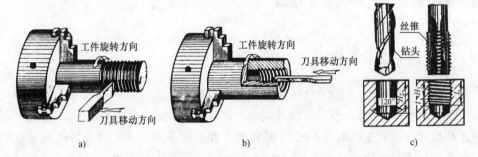

图 6-1　标出加工螺纹的方法

**2. 认知螺纹基本要素**

1）牙型。请标出图 6-2 中螺纹的牙型。

图 6-2　标出螺纹的牙型

2）直径。请标出图 6-3 中外、内螺纹的大、小径，并按单线标出其螺距。

3）线数（$n$）。标出图 6-4 中的单、双线。

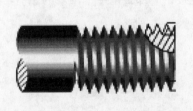  

图 6-3　标出螺纹的直径　　　　　　　　图 6-4　标出螺纹的线数

4）旋向。判断图 6-5 中螺纹的旋向。

3. 螺纹的画法

1）外螺纹的画法。根据给定的尺寸在图 6-6 中画出螺纹的两视图。外螺纹，螺纹规格 $d$ = M20，螺纹长度 20mm。

图 6-5　标出螺纹的旋向 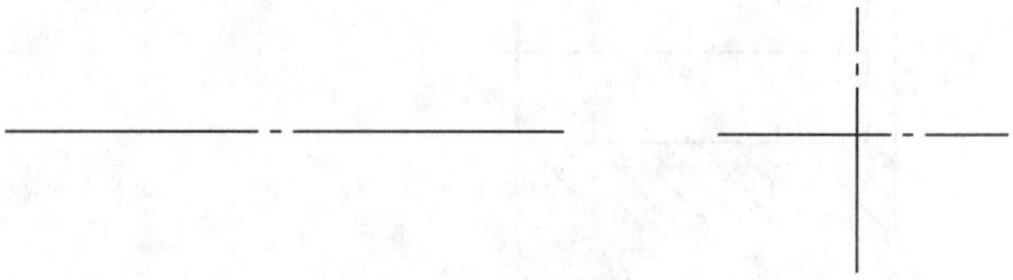　　　　　　　　　　图 6-6　外螺纹的画法

2）内螺纹的画法。根据给定的尺寸在图 6-7 和图 6-8 中画出螺纹的两视图。

① 通孔螺纹，螺纹规格 $D$ = M20，两端孔口倒角 $C2$。

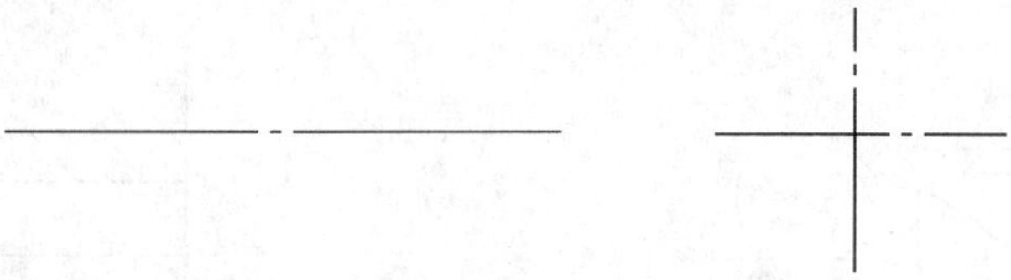

图 6-7　内螺纹（通孔）的画法

② 不通孔螺纹（由左侧加工），螺纹规格 $D$ = M20，钻孔深度 35mm，螺纹深度 30mm。

图 6-8　内螺纹（不通孔）的画法

3）螺纹联接的规定画法。在图 6-9 中，画出图 6-6 所示外螺纹和图 6-8 所示内螺纹组成的螺纹联接的主视图。

4. 标注螺纹

1）在图 6-10 中标注出螺纹的规定标记。粗牙普通螺纹，外螺纹大径 20mm，右旋，中径和大径公差带代号 6g，中等旋合长度。

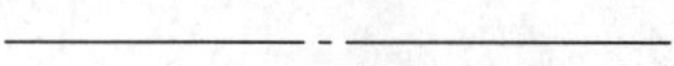

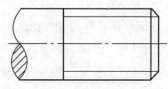

图 6-9　螺纹联接的画法　　　　　　　　　　图 6-10　螺纹的标注（一）

2）在图 6-11 中标注出螺纹的规定标记。普通螺纹，螺纹大径 20mm，螺距 2mm，左旋，中径公差带代号 5H，小径公差带代号 6H，长旋合长度。

3）在图 6-12 中标注出螺纹的规定标记。梯形螺纹，公称直径 48mm，螺距 5mm，双线，右旋，中径公差带代号 7e，中等旋合长度。

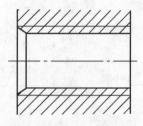　　　　　　　　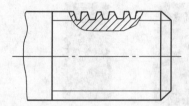

图 6-11　螺纹的标注（二）　　　　　　　图 6-12　螺纹的标注（三）

4）在图 6-13 中标注出螺纹的规定标记。55°非密封管螺纹，尺寸代号为 1¼，公差等级 A 级，右旋。

5）在图 6-14 中标注出螺纹的规定标记。55°密封管螺纹，尺寸代号为 1½，左旋。

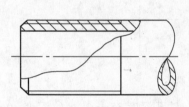　　　　　　　　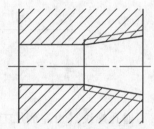

图 6-13　螺纹的标注（四）　　　　　　　图 6-14　螺纹的标注（五）

6）在图 6-15 中标注出螺纹的规定标记。55°密封管螺纹，尺寸代号为 3/4。

5. 画螺纹联接件及装配图

1）画螺纹联接件。在图 6-16 中，画 M20（GB/T 5782—2000）六角头螺栓（长 100mm）的两视图。

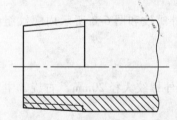　　　　　　　　

图 6-15　螺纹的标注（六）　　　　　　　图 6-16　画六角头螺栓的两视图

2）画螺纹联接件的装配图。

① 如图 6-17 所示，画出螺栓联接装配图的主视图。

② 如图 6-18 所示，画出双头螺柱联接装配图的主视图。

③ 如图 6-19 所示，画出螺钉联接装配图的主视图。

图 6-17 螺栓联接

图 6-18 双头螺柱联接

图 6-19 螺钉联接

## 相关知识及拓展知识

带螺纹的零件在各种机器产品中应用很广泛。它主要用于联接零件、传动零件、紧固零件和测量零件等。螺纹分为外螺纹和内螺纹。内外螺纹成对使用称为螺纹副。在圆柱或圆锥外表面上形成的螺纹称为外螺纹；在圆柱孔或圆锥孔内表面上形成的螺纹称为内螺纹。

### 一、螺纹的形成

1. 螺旋线原理

沿着圆柱或圆锥表面运动的点的轨迹（该点的轴向位移和相应的角位移成正比）称为螺旋线。如图 6-20 所示，点 $A$ 沿圆柱面上的一条直母线匀速上升，同时该母线又绕圆柱面的轴线作匀角速旋转运动，则点 $A$ 在圆柱表面上的运动轨迹称为圆柱螺旋线。

2. 螺纹的形成

各种螺纹都是根据螺旋线原理加工而形成的。加工方法主要分为机械加工和用丝锥、板牙加工两种。在圆柱表面（或圆锥表面）上，沿着螺旋线所形成的，具有相同断面的连续凸起和沟槽称为螺纹。图 6-1 所示为加工螺纹的方法。当工件旋转

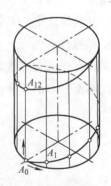

图 6-20 圆柱螺旋线的形成

时，螺纹车刀沿工件的轴线方向作等速移动即可形成螺旋线，经多次进给后，在工件表面上形成的具有连续凸起和沟槽的部分就是螺纹。由于切削刃形状不同，在工件表面切掉部分的断面形状也不同，因而可得到各种不同的螺纹。如图 6-1c 所示，当加工直径较小的螺孔时，可先用钻头钻出光孔，再用丝锥攻螺纹。

## 二、螺纹基本要素

螺纹的基本要素包括牙型、直径、螺距、导柱、线数和旋向。

**1. 牙型**

在通过螺纹轴线的断面上，螺纹的轮廓形状称为牙型。牙型分为牙顶、牙底、牙侧等部分。常见的牙型有三角形、梯形和锯齿形等，如图 6-2 所示。

**2. 直径**

螺纹直径有大径（$d$、$D$）、中径（$d_2$、$D_2$）和小径（$d_1$、$D_1$）之分，如图 6-21 所示。其中外螺纹大径 $d$ 和内螺纹小径 $D_1$ 也称为顶径。

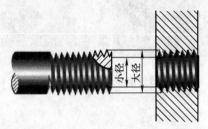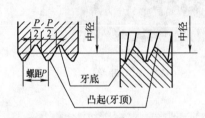

图 6-21　螺纹的直径

（1）大径 $d$、$D$　与外螺纹牙顶或内螺纹牙底相重合的假想圆柱面的直径。外螺纹大径用"$d$"表示，内螺纹大径用"$D$"表示。

（2）小径 $d_1$、$D_1$　与外螺纹牙底或内螺纹牙顶相重合的假想圆柱面的直径。外螺纹小径用"$d_1$"表示，内螺纹小径用"$D_1$"表示。

（3）中径 $d_2$、$D_2$　一个假想圆柱的直径。该圆柱的母线通过牙型上沟槽和凸起宽度相等的地方。外螺纹中径用"$d_2$"表示，内螺纹中径用"$D_2$"表示。

（4）公称直径　代表螺纹尺寸的直径。对普通螺纹来说，公称直径是指螺纹的大径 $d$、$D$。

**3. 线数（$n$）**

螺纹有单线与多线之分。沿一条螺旋线所形成的螺纹称为单线螺纹，沿两条或两条以上在轴向等距分布的螺旋线所形成的螺纹称为多线螺纹，如图 6-22a 所示。

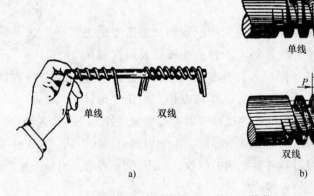

a)　　　　　　　　　b)

图 6-22　螺纹的螺距、导程、线数

**4. 螺距（$P$）和导程（$Ph$）**

螺距是指相邻两牙在中径线上对应两点间的轴向距离；导程是指同一条螺旋线上的相邻两牙在中径线上对应两点间的轴向距离。应注意，螺距和导程是两个不同的概念，如图6-22b所示。

螺距、导程、线数之间的关系是：导程$(Ph)$ = 螺距$(P)$×线数$(n)$。

**5. 旋向**

内、外螺纹旋合时的旋转方向称为旋向。螺纹的旋向有左、右之分。顺时针旋转时旋入的螺纹称为右旋螺纹；逆时针旋转时旋入的螺纹称为左旋螺纹。

旋向可按下列方法判定：

将外螺纹轴线垂直放置，螺纹的可见部分是右高左低者为右旋螺纹；左高右低者为左旋螺纹，如图6-23所示。

只有牙型、直径、螺距、线数和旋向等要素都相同的内、外螺纹才能旋合在一起。常见的螺纹是单线、右旋的。

图6-23 螺纹的旋向

### 三、螺纹的规定画法

由于螺纹是采用专用机床和刀具加工的，所以无需将螺纹按真实投影画出，可采用规定画法以简化作图过程。

**1. 外螺纹的规定画法**

外螺纹的规定画法，如图6-24所示。

1）外螺纹牙顶圆的投影用粗实线表示；牙底圆的投影用细实线表示（牙底圆的投影通常按牙顶圆投影的0.85倍绘制），在螺杆的倒角或倒圆部分也应画出。

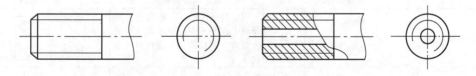

图6-24 外螺纹的规定画法

2）在垂直于螺纹轴线的投影面的视图中，表示牙底圆的细实线只画约3/4圈（空出约1/4圈的位置不作规定），此时螺杆上的倒角投影省略不画。

3）螺纹终止线用粗实线表示。

**2. 内螺纹的规定画法**

内螺纹的规定画法，如图6-25所示。

1）在剖视图或断面图中，内螺纹牙顶圆的投影和螺纹终止线用粗实线表示，牙底圆的投影用细实线表示，剖面线必须画到粗实线。绘制不穿通的螺孔时，一般应将钻孔深度与螺纹部分的深度分别画出，螺纹的有效深度和孔深之间保持 0.5 倍大径的距离，底部的锥顶角应按 120°画出。

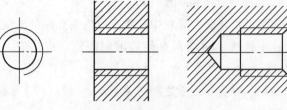

图 6-25　内螺纹的规定画法

2）在垂直于螺纹轴线的投影面的视图中，表示牙底圆的细实线只画约 3/4 圈（空出约 1/4 圈的位置不作规定），此时螺孔上的倒角投影省略不画。

3. 螺纹联接的规定画法

螺纹要素全部相同的内、外螺纹方能联接。以剖视图表示内、外螺纹的联接时，其旋合部分应按外螺纹的画法表示，其余部分仍按各自的画法表示，如图 6-26 所示。

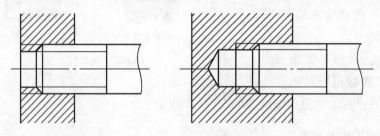

图 6-26　螺纹联接的画法

## 四、螺纹的种类和标注

常用的螺纹有联接螺纹（如普通螺纹）、管螺纹和传动螺纹（如梯形螺纹和锯齿形螺纹）。由于螺纹的规定画法不能表示螺纹种类和螺纹要素，因此绘制螺纹图样时，必须按照国家标准所规定的格式和相应代号进行标注，见表 6-1。

表 6-1　螺纹的种类和标注

| 螺纹种类 | | | | 螺纹特征代号 | 标记内容及格式 | 标注示例 |
|---|---|---|---|---|---|---|
| 普通螺纹 | | | 粗牙 | M | 螺纹特征代号　公称直径 × Ph 导程 P 螺距 – 中径公差带　顶径公差带 – 螺纹旋合长度代号 – 旋向代号 | M16 标注示例 |
| | | | 细牙 | | | |
| 管螺纹 | 55° 密封管螺纹 | 内螺纹 | 圆锥 | Rc | 螺纹特征代号　尺寸代号旋向代号 | Rc1/2 |
| | | | 圆柱 | Rp | | |
| | | 外螺纹 | 与圆柱内螺纹配合的 | $R_1$ | | $R_1$3/4 |
| | | | 与圆锥内螺纹配合的 | $R_2$ | | |

（续）

| 螺纹种类 | | 螺纹特征代号 | 标记内容及格式 | 标注示例 |
|---|---|---|---|---|
| 管螺纹 | 55°非密封管螺纹 | G | 螺纹特征代号　尺寸代号　公差等级代号－旋向代号 | G3/4A |
| 梯形螺纹和锯齿形螺纹 | 梯形螺纹 | Tr | 螺纹特征代号　公称直径×螺距[单线]或导程(P 螺距)[多线]旋向代号－中径公差带－旋合长度代号 | Tr36×12(P6)-7H |
| | 锯齿形螺纹 | B | | B70×10LH-7e |

1. 普通螺纹

粗牙普通螺纹不标注螺距，细牙普通螺纹标注螺距。

左旋螺纹以"LH"表示，右旋螺纹不标注旋向（所有螺纹旋向的标记，均与此相同）。

公差带代号由中径公差带和顶径公差带（对外螺纹指大径公差带、对内螺纹指小径公差带）代号组成。大写字母代表内螺纹，小写字母代表外螺纹。若两组公差带代号相同，则只写一组。

旋合长度分为短（S）、中等（N）和长（L）三组。一般应采用中等旋合长度组（此时N 省略不注）。

2. 55°非密封管螺纹

其牙型角为55°。对外螺纹分 A、B 两级标记；内螺纹公差带只有一种，所以不加标记。

管螺纹的尺寸代号用1/2、3/4、1、…表示，其并非公称直径，也不是管螺纹本身任何一个直径的尺寸。管螺纹的大径、中径、小径及螺距等具体尺寸，只有通过查阅相关的国家标准才能知道。

3. 梯形和锯齿形螺纹

只标注中径公差带。

旋合长度只有中等旋合长度（N）和长旋合长度（L）两组，若为中等旋合长度组则 N省略不注。

梯形螺纹的公称直径是指外螺纹大径。实际上内螺纹大径大于外螺纹大径，但标注内螺纹代号时要标注公称直径，即外螺纹大径。

## 五、螺纹联接

1）常用的螺纹联接件有螺栓、双头螺柱、螺钉及螺母、垫圈等。平垫圈用来保护零件表面不被螺母损伤，同时增大螺母的支撑面，遮盖螺孔和不平的表面。弹簧垫圈用来防止零部件工作时因受冲击载荷和交变载荷的作用导致螺母松动脱落，常在螺母下方配弹簧垫圈以保证螺纹联接的可靠。

螺纹联接件的画法分为两种。

① 根据零件标记查阅相应标准获得各部分尺寸画图。

例如，六角头螺栓 M20×60（GB/T 5780—2000），螺母 M20（GB/T 6170—2000），垫圈（GB/T 97.1—2002），根据查得的尺寸画图，如图 6-27 所示。

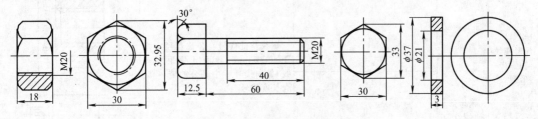

图 6-27　螺纹联接件的尺寸及画法

② 根据螺纹公称直径 $d$，按比例关系计算各部分尺寸近似画图（表 6-2 和图 6-28）。

**表 6-2　螺纹联接件装配的近似画法的比例关系**

| 名称 | 尺寸比例 | 名称 | 尺寸比例 | 名称 | 尺寸比例 | 名称 | 尺寸比例 |
|---|---|---|---|---|---|---|---|
| 螺栓 | $b=2d$<br>$k=0.7d$<br>$R=1.5d$<br>$R_1=d$<br>$e=2d$<br>$d_1=0.85d$<br>$c=0.1d$<br>$s$ 由作图决定 | 螺柱 | $b_m$ 查表 6-3 决定<br>$b=2d$<br>$l_2=b_m+0.3d$<br>$l_3=b_m+0.6d$ | 螺母 | $e=2d$<br>$R=1.5d$<br>$R_1=d$<br>$m=0.8d$<br>$s$ 由作图决定 | 平垫圈 | $h=0.15d$<br>$d_2=2.2d$ |
|  |  |  |  |  |  | 弹簧垫圈 | $s=0.25d$<br>$D=1.3d$ |
|  |  |  |  |  |  | 被联接件 | $D_0=1.1d$ |

**表 6-3　双头螺柱旋入端长度**

| 旋入端材料 | 旋入端长度 | 标准号 |
|---|---|---|
| 钢与青铜 | $b_m=d$ | GB/T 897—1988 |
| 铸铁 | $b_m=1.25d$ | GB/T 898—1988 |
| 铸铁或铝合金 | $b_m=1.5d$ | GB/T 899—1988 |
| 铝合金 | $b_m=2d$ | GB/T 900—1988 |

2）常见的螺纹联接形式有螺栓联接、双头螺柱联接和螺钉联接（图 6-28）。螺栓联接用于联接两个不太厚的零件 $\delta_1$、$\delta_2$。被联接零件必须先加工出光孔，孔径略大于螺栓公称直径（$1.1d$），以便于装配。联接时螺栓穿入孔内、套上垫圈、拧上螺母。

双头螺柱联接用于被联接件之一较厚，不便加工通孔的情况。先在厚零件上加工不通孔，其孔径应是螺纹的小径 $d_1=0.85d$，孔深 $b_m+d$（$b_m$ 是旋入端长度，依材料而定，见表 6-3），然后在孔内加工内螺纹。在较薄零件上加工一个光孔，孔径为 $1.1d$。联接时，先把螺柱旋入较厚零件的螺纹孔中，将螺柱旋入端旋入至旋不动为止，这就使螺纹终止线与较厚零件的孔口端面平齐，螺柱旋入到内螺纹终止线相距 $0.5d$，如果没有这段距离，则达不到紧固作用。装上被联接件，套上垫圈，拧紧螺母。装上垫圈螺母后，螺柱长度要高于螺母 0.3d。

螺钉联接与螺柱联接类似，只是螺钉终止线必须超出两被联接件的结合面，表示尚有拧紧的余地。

图 6-28 所示为按各部分比例关系绘制的螺纹联接件装配的近似画法。

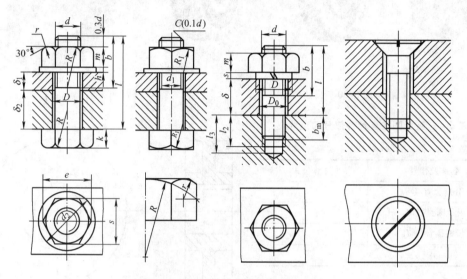

图 6-28 螺纹联接件装配的近似画法

## 学习任务 2 识读和绘制齿轮

### 1. 认识齿轮

填出图 6-29 中齿轮副的类型。

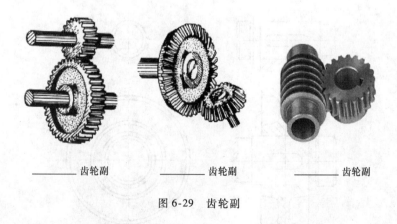

_____ 齿轮副     _____ 齿轮副     _____ 齿轮副

图 6-29 齿轮副

填出图 6-30 中齿轮的类型。

### 2. 标注直齿圆柱齿轮主要参数、熟记公式

1）在图 6-31 中标出直齿圆柱齿轮的齿顶圆直径、分度圆直径和齿根圆直径。

2）填出齿轮各部分的尺寸计算公式，见表 6-4。

———齿轮

———齿轮

———齿轮

图 6-30　圆柱齿轮

图 6-31　圆柱齿轮主要参数

**表 6-4　直齿圆柱齿轮各部分的尺寸计算公式**

| 名称及代号 | 计算公式 |
|---|---|
| 分度圆直径 $d$ | |
| 齿顶圆直径 $d_a$ | |
| 齿根圆直径 $d_f$ | |
| 中心距 $a$ | |

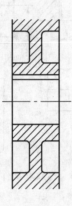

**3. 画直齿圆柱齿轮**

（1）单个圆柱齿轮的规定画法　已知一直齿圆柱齿轮齿数 $z = 30$，模数 $m = 2mm$，完成图 6-32 中的两视图。

图 6-32　画圆柱齿轮

（2）画啮合圆柱齿轮　已知一对啮合齿轮，齿数 $z_1 = 38$，模数 $m = 2mm$，中心距 $a = 55mm$，完成图 6-33 中两个齿轮啮合的两个视图。

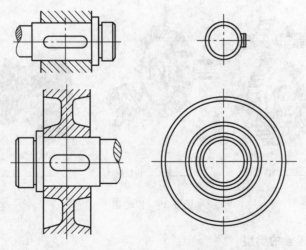

图 6-33　画啮合圆柱齿轮

**4. 认识齿轮工作图**

齿轮工作图（图中精度等级符合 GB/T 10095—1988 中的规定），如图 6-34 所示。

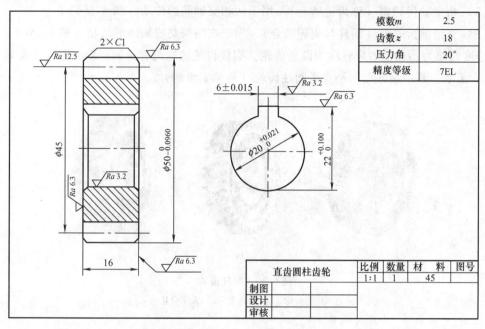

| 模数m | 2.5 |
|---|---|
| 齿数z | 18 |
| 压力角 | 20° |
| 精度等级 | 7EL |

| 直齿圆柱齿轮 | 比例 | 数量 | 材　料 | 图号 |
|---|---|---|---|---|
| | 1:1 | 1 | 45 | |
| 制图 | | | | |
| 设计 | | | | |
| 审核 | | | | |

图 6-34　齿轮工作图

## 相关知识及拓展知识

　　齿轮在机器制造业中应用十分广泛。它可以用来传递动力，改变运动方向、运动速度、运动方式等。齿轮上每一个用于啮合的凸起部分称为轮齿，其余部分称为轮体。一对齿轮的齿依次交替地接触，从而实现一定规律的相对运动的过程和形态称为啮合。

### 一、齿轮的基本知识

　　由两个啮合的齿轮组成的基本机构，称为齿轮副。常用的齿轮副按两轴的相对位置不同，分成以下三种。

　　（1）平行轴齿轮副（圆柱齿轮啮合）　用于两平行轴间的传动（图6-35a）。

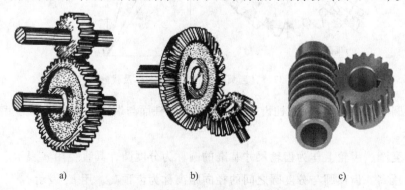

a)　　　　　　　　　　b)　　　　　　　　　　c)

图 6-35　齿轮副

a）平行轴齿轮副　b）相交轴齿轮副　c）交错轴齿轮副

（2）相交轴齿轮副（锥齿轮啮合）　用于两相交轴间的传动（图6-35b）。

（3）交错轴齿轮副（蜗杆与蜗轮啮合）　用于空间两交错轴间的传动（图6-35c）。

分度曲面为圆柱面的齿轮称为圆柱齿轮。圆柱齿轮的轮齿有直齿、斜齿和人字齿等，如图6-36所示，其中最常用的是直齿圆柱齿轮（简称直齿轮）。

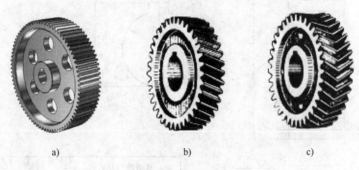

图6-36　圆柱齿轮

a）直齿轮　b）斜齿轮　c）人字齿轮

## 二、直齿圆柱齿轮各部分名称及代号

直齿圆柱齿轮各部分名称及代号，如图6-37所示。

（1）顶圆（齿顶圆）　在圆柱齿轮上，其齿顶圆柱面与端平面的交线称为齿顶圆，其直径用 $d_a$ 表示。

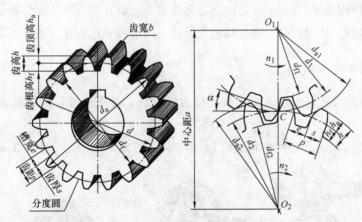

图6-37　直齿圆柱齿轮各部分名称及代号

（2）根圆（齿根圆）　在圆柱齿轮上，其齿根圆柱面与端平面的交线称为齿根圆，其直径用 $d_f$ 表示。

（3）分度圆　齿轮上作为齿轮尺寸基准的圆称为分度圆，其直径用 $d$ 表示。

（4）齿顶高　齿顶圆与分度圆之间的径向距离称为齿顶高，用 $h_a$ 表示。

（5）齿根高　齿根圆与分度圆之间的径向距离称为齿根高，用 $h_f$ 表示 。

（6）齿高　齿顶圆与齿根圆之间的径向距离称为齿高，用 $h$ 表示。

（7）端面齿距（简称齿距）　在齿轮上，两个相邻而同侧的端面齿廓之间的分度圆弧长称为端面齿距，用 $p$ 表示。标准齿轮 $p = s$（齿厚）$+ e$（槽宽）。

（8）齿宽　齿轮的有齿部位沿分度圆柱面的直母线方向量度的宽度称为齿宽，用 $b$ 表示。

（9）压力角　在一般情况下，两相啮轮齿的端面齿廓在接触点处的公法线，与两分度圆的内公切线所夹的锐角，称为压力角，用 $\alpha$ 表示，如图 6-38 所示。标准齿轮的压力角为 20°。

（10）齿数　一个齿轮的轮齿总数，用 $z$ 表示。

（11）中心距　平行轴或交错轴齿轮副的两轴线之间的最短距离称为中心距，用 $a$ 表示。

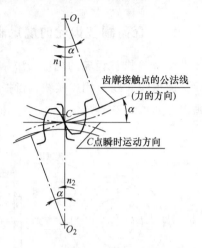

图 6-38　齿轮传动图

## 三、直齿圆柱齿轮的基本参数与齿轮各部分的尺寸计算公式

1. 模数

齿轮上有多少齿，在分度圆周上就有多少齿距，即分度圆周总长为 $\pi d = zp$，则 $d = zp/\pi$。

齿距 $p$ 与 $\pi$ 的比值，称为齿轮的模数，用符号"$m$"表示，尺寸单位为 mm，即 $m = p/\pi$，分度圆直径 $d = mz$。

为了简化和统一齿轮的轮齿规格，提高齿轮的互换性，便于齿轮的加工、修配，减少齿轮刀具的规格品种，提高其系列化和标准化程度，国家标准对齿轮的模数作了统一规定，见表 6-5。

表 6-5　圆柱齿轮模数（GB/T 1357—2008）　　　　　　　（单位：mm）

| 第一系列 | 1,1.25,1.5,2,2.5,3,4,5,6,8,10,12,16,20,25,32,40,50 |
|---|---|
| 第二系列 | 1.125,1.375,1.75,2.25,2.75,3.5,4.5,5.5,(6.5),7,9,11,14,18,22,28,36,45 |

注：选用圆柱齿轮模数时，应优先选用第一系列，其次选用第二系列，括号内的模数尽可能不用。

在标准齿轮中，齿顶高 $h_a = m$，齿根高 $h_f = 1.25m$。相互啮合的两齿轮，其齿距 $p$ 应相等；由于 $p = m\pi$，因此它们的模数也应相等。当模数 $m$ 发生变化时，齿高 $h$ 和齿距 $p$ 也随之变化，即模数 $m$ 越大，轮齿就越大；模数 $m$ 越小，轮齿就越小。由此可以看出，模数是表征齿轮轮齿大小的一个重要参数，是计算齿轮主要尺寸的一个基本依据。

2. 齿轮各部分的尺寸计算公式

齿轮的模数 $m$ 确定后，按照与 $m$ 的比例关系，可算出齿轮各部分的尺寸，见表 6-6。

表 6-6　直齿圆柱齿轮各部分的尺寸计算公式

| 名称及代号 | 计算公式 | 名称及代号 | 计算公式 |
|---|---|---|---|
| 模数 $m$ | $m = d/z$ | 分度圆直径 $d$ | $d = mz$ |
| 齿顶高 $h_a$ | $h_a = m$ | 齿顶圆直径 $d_a$ | $d_a = d + 2h_a = m(z + 2)$ |
| 齿根高 $h_f$ | $h_f = 1.25m$ | 齿根圆直径 $d_f$ | $d_f = d - 2h_f = m(z - 2.5)$ |
| 齿高 $h$ | $h = h_a + h_f = 2.25m$ | 中心距 $a$ | $a = (d_1 + d_2)/2 = m(z_1 + z_2)/2$ |

### 四、直齿圆柱齿轮的规定画法

1. 单个圆柱齿轮的规定画法

齿顶圆（线）用粗实线，齿根圆（线）用细实线或省略不画，分度圆（线）用点画线画出，如图 6-39a 所示。

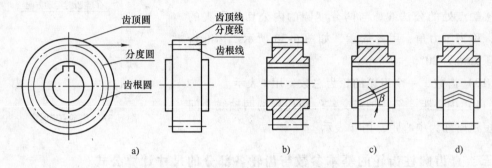

图 6-39　单个圆柱齿轮的规定画法

在全剖视图中，轮齿按不剖处理，用粗实线表示齿顶线和齿根线，用点画线表示分度线，如图 6-39b 所示。

对于斜齿和人字齿，在非圆外形图上用三条平行的细实线表示齿线方向，如图 6-39c、d 所示。

2. 圆柱齿轮啮合的规定画法

在剖视图中，当剖切平面通过两啮合齿轮的轴线时，在啮合区内，两分度线重合画成点画线，除其中一个齿轮的齿顶线被遮挡住用细虚线绘制外，其余齿根线、齿顶线一律规定用粗实线绘制，如图 6-40a 所示。在表示齿轮端面的视图中，啮合区内的齿顶圆均用粗实线绘制，如图 6-40a 所示。齿顶圆可省略不画，但相切的两分度圆须用点画线画出，两齿根圆省略不画，如图 6-40b 所示。

若不作剖视，则啮合区内的齿顶线不必画出，此时分度线用粗实线绘制，如图 6-40c 所示。

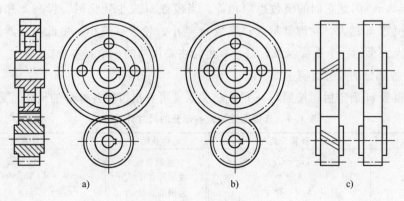

图 6-40　齿轮啮合的规定画法

在剖视图中，啮合区的投影如图 6-41 所示，齿顶线与齿根线之间应有 $0.25m$ 的间隙（0.25 称为顶隙系数），被遮挡的齿顶线（虚线）也可省略不画。

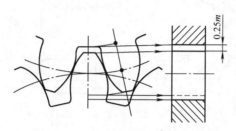

图 6-41 齿顶线与齿根线的间隙

## 学习任务 3 识读和绘制键、销联接

1. 认识键联接

1）把轴、带轮、键标在图 6-42 中。

2）标出图 6-43 中各键的名称。

图 6-42 键联接

图 6-43 常用的几种键

3）读出下面键标记含义。

① GB/T 1096 键 B16×10×100

② GB/T 1099.1 键 6×10×25

③ GB/T 1564 键 C16×100

④ GB/T 1565 键 16×100

2. 画键联接装配图

轴和齿轮用 A 型普通平键联接，已知键长 $L = 10\text{mm}$，齿轮 $m = 3\text{mm}$，$z = 18\text{mm}$，按 1：1 的比例完成图 6-44。

1）根据轴孔直径 $\phi10$ 查国家标准确定键和键槽的尺寸，并标注轴孔和键槽的尺寸。

2）写出键的规定标记：_____

3）用键将轴和齿轮联接起来，完成联接图。

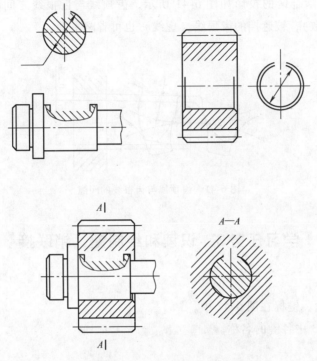

图 6-44　键联接的画法

3. 认识销及联接

1）销是标准件，主要用于零件间的_____或_____。常用的销有_____、_____、_____等。

2）读出下面销标记含义。

① 销　GB/T 117　10×100

② 销　GB/T 119.1　10m6×80

③ 销　GB/T 91　4×20

4. 画销联接的装配图

完成销联接的视图（图 6-45）。

用 1：1 比例完成 $d=6mm$、A 型圆锥销的联接图，并查国家标准写出其标记。

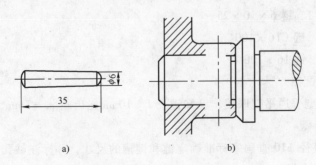

a)　　　　　　　　　　　　　b)

图 6-45　销联接的画法

## 相关知识及拓展知识

### 一、键联接

键是机械中常用的联接件。为了使齿轮、带轮等零件和轴一起转动，通常在轮孔和轴上分别加工出键槽，将键嵌入，用键将轮和轴联接起来进行传动，如图 6-42 所示。

常用键的结构形式和规定标记见表 6-7。

键的种类很多，常用的有普通平键、半圆键和钩头楔键等。普通平键又可分为普通 A 型平键、普通 B 型平键和普通 C 型平键三种型式，如图 6-46 所示。

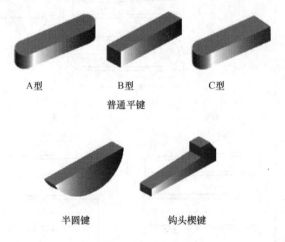

A型　　　　　B型　　　　　C型

普通平键

半圆键　　　　　钩头楔键

图 6-46　常用键

普通平键是标准件，其结构形式、尺寸都有相应的规定。选择普通平键时，先根据轴径 $d$ 从国家标准中查取键的截面尺寸（$b \times h$），然后按轮毂宽度 B 选定键长 $L$，一般 $L = B - (5 \sim 10)\mathrm{mm}$，并取 $L$ 为标准值。

表 6-7　常用键的结构形式和规定标记

| 名称 | 标准号 | 图　　例 | 标记示例 |
|---|---|---|---|
| 普通平键 | GB/T 1096—2003 | A型　　B型　　C型 | 普通 A 型平键，$b = 16\mathrm{mm}$，$h = 10\mathrm{mm}$，$L = 100\mathrm{mm}$。<br>GB/T 1096 键 $16 \times 10 \times 100$<br>普通 A 型平键不注"A" |

（续）

| 名称 | 标准号 | 图　例 | 标记示例 |
|---|---|---|---|
| 半圆键 | GB/T 1099.1—2003 | | 半圆键，<br>$b = 6mm$<br>$h = 10mm$，<br>$D = 25mm$。<br>　GB/T<br>1099.1　键 6<br>$\times 10 \times 25$ |
| 普通楔键和钩头楔键 | 普通楔键 GB/T 1564—2003<br><br>钩头楔键 GB/T 1565—2003 | A型<br><br>B型　　　　　　C型 | 普通 C 型楔键，$b = 16mm$，$h = 10mm$，$L = 100mm$。<br>　GB/T 1564<br>键 C16 $\times$ 100（A、B、C 三型与普通平键型式一样）<br>　钩头楔键，$b = 16mm$，$h = 10mm$，$L = 100mm$<br>　GB/T 1564<br>键 16 $\times$ 100 |

　　键槽同键一样，型式和尺寸都有相应的国家标准规定，需用时查阅标准，画法及尺寸注法如图 6-47 所示。

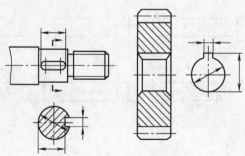

图 6-47　键槽的画法和尺寸注法

## 二、键联接的画法

键联接的画法见表6-8。

表6-8　键联接的画法

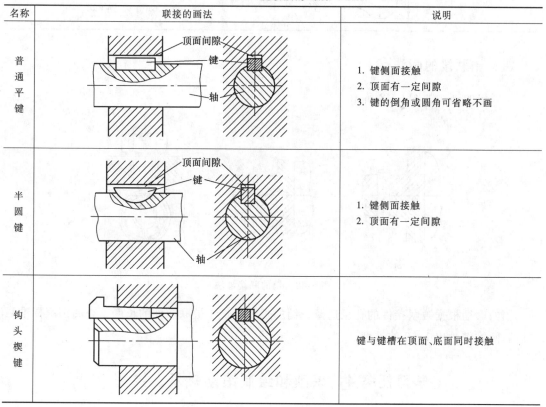

| 名称 | 联接的画法 | 说明 |
|------|-----------|------|
| 普通平键 | 顶面间隙　键　轴 | 1. 键侧面接触<br>2. 顶面有一定间隙<br>3. 键的倒角或圆角可省略不画 |
| 半圆键 | 顶面间隙　键　轴 | 1. 键侧面接触<br>2. 顶面有一定间隙 |
| 钩头楔键 | | 键与键槽在顶面、底面同时接触 |

## 三、销联接

销是标准件，主要用于零件间的联接或定位。常用的销有圆柱销、圆锥销和开口销等。销的结构形式和标记见表6-9。

表6-9　销的结构形式和标记

| 名称 | 标准号 | 图　例 | 标记示例 |
|------|--------|--------|----------|
| 圆锥销 | GB/T 117—2000 | 1:50 | 公称直径 $d = 10$mm，公称长度 $l = 100$mm。<br>　销　GB/T 117　10×100<br>圆锥销的公称直径是指小端直径 |
| 圆柱销 | GB/T 119.1—2000 | ≈15° | 公称直径 $d = 10$mm，公差为 m6，公称长度 $l = 80$mm。<br>　销 GB/T 119.1　10 m6×80 |

（续）

| 名称 | 标准号 | 图　例 | 标记示例 |
|---|---|---|---|
| 开口销 | GB/T 91—2000 | 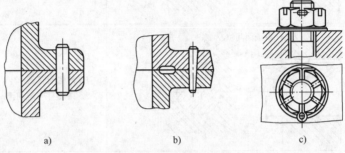 | 公称直径（指销孔直径）$d = 4mm$，$l = 20mm$。<br>销　GB/T 91　$4 \times 20$ |

#### 四、销联接的画法

销联接的画法如图 6-48 所示。

a)　　　　　　　b)　　　　　　　c)

图 6-48　销的联接画法

销的直径根据被联接件的孔径选择，销的长度略长于被联接件的长度，查阅国家标准后取值。圆锥销画出 $1:50$ 的锥度。

# 学习任务 4　识读和绘制滚动轴承、弹簧

1. 认识滚动轴承

1）在图 6-49 中标出滚动轴承的组成。

图 6-49　滚动轴承的结构及类型

2）滚动轴承按其所能承受的载荷方向不同，可分为哪三种？它们的分类标准是什么？

2. 读懂滚动轴承的代号

解释下列滚动轴承代号的含义。

1）滚动轴承 6305 GB/T 276—1994

内径：_____

轴承类型：_____

2）滚动轴承 30306 GB/T 297—1994

内径：_____

轴承类型：_____

3）滚动轴承 51208 GB/T 28697—2012

内径：_____

轴承类型：_____

3. 认识滚动轴承的画法

滚动轴承的画法，见表6-10。

表 6-10 滚动轴承的画法

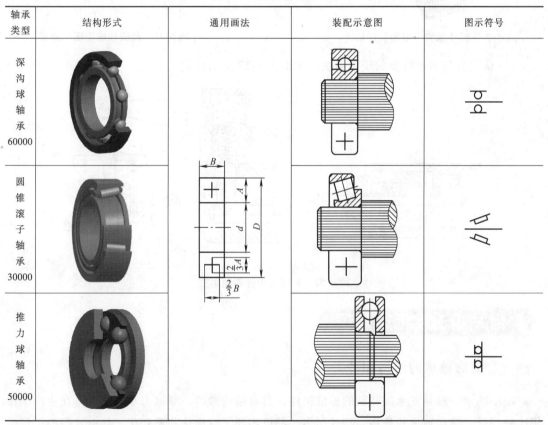

| 轴承类型 | 结构形式 | 通用画法 | 装配示意图 | 图示符号 |
|---|---|---|---|---|
| 深沟球轴承 60000 | | | | |
| 圆锥滚子轴承 30000 | | | | |
| 推力球轴承 50000 | | | | |

4. 弹簧

1）认识弹簧。

① 弹簧有何作用？

② 弹簧有哪些类型？

2）在图 6-50 中标注圆柱螺旋压缩弹簧尺寸。

3）画圆柱螺旋压缩弹簧零件图。已知圆柱螺旋压缩弹簧的簧丝直径为6mm，弹簧外径为48mm，节距为12mm，有效圈数为6.5，支承圈数为2.5，右旋。轴线为竖直方向，在图6-51中完成弹簧的视图和剖视图。

计算：弹簧中径 = _____

自由高度 = _____

图6-50 圆柱螺旋压缩弹簧的尺寸

图6-51 画圆柱螺旋压缩弹簧

4）认识装配图中弹簧的规定画法。指出图6-52中的弹簧。

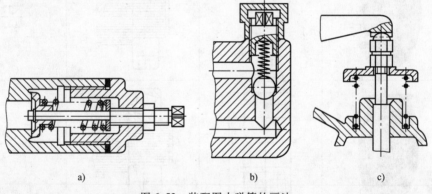

a)             b)             c)

图6-52 装配图中弹簧的画法

## 相关知识及拓展知识

### 一、滚动轴承的结构和种类

滚动轴承一般是支承旋转轴的标准组件，具有结构紧凑、摩擦力小等优点，在生产中使用比较广泛。滚动轴承的规格、型式很多，都已实现了标准化和系列化，其由专门的工厂生产，需用时可根据要求，查阅有关国家标准选购。

滚动轴承的种类虽多，但它们的结构大致相似，一般由内圈、外圈、滚动体、隔离圈（或保持架）四部分组成，如图6-53所示。一般内圈装在轴颈上，外圈装在机座或零件的轴承座孔中，工作时滚动体在内外圈间的滚道上滚动，形成滚动摩擦。隔离圈（或保持架）的作用是把滚动体相互隔开。滚动体主要分球形和柱形两种。

图 6-53　滚动轴承的结构及类型

a）深沟球轴承　b）推力球轴承　c）圆锥滚子轴承

滚动轴承按其所能承受的载荷方向不同，可分为向心轴承、推力轴承和向心推力轴承。

1）向心轴承——主要用于承受径向载荷，如深沟球轴承。

2）推力轴承——主要用于承受轴向载荷，如推力球轴承。

3）向心推力轴承——既可承受径向载荷，又可承受轴向载荷，如圆锥滚子轴承。

## 二、滚动轴承的代号

滚动轴承的代号由基本代号、前置代号和后置代号构成，其排列方式如下：

前置代号　　基本代号　后置代号

### 1. 基本代号

基本代号由轴承类型代号、尺寸系列代号和内径代号构成，是轴承代号的基础，其排列方式如下：

轴承类型代号　尺寸系列代号　内径代号

轴承类型代号用数字或字母来表示，见表 6-11。

表 6-11　滚动轴承类型代号（GB/T 272—1993）

| 代号 | 0 | 1 | 2 | 3 | 4 | 5 | 6 | 7 | 8 | N | U | QJ |
|---|---|---|---|---|---|---|---|---|---|---|---|---|
| 轴承类型 | 双列角接触球轴承 | 调心球轴承 | 调心滚子轴承和推力调心滚子轴承 | 圆锥滚子轴承 | 双列深沟球轴承 | 推力球轴承 | 深沟球轴承 | 角接触球轴承 | 推力圆柱滚子轴承 | 圆柱滚子轴承 | 外球面球轴承 | 四点接触球轴承 |

尺寸系列代号由轴承的宽（高）度系列代号和直径系列代号组合而成，用两位数字来表示。内径代号表示轴承的公称内径，一般用两位数字来表示，其表示方法见表 6-12。

### 2. 前置、后置代号

前置代号用字母表示。后置代号用字母（或加数字）表示。前置、后置代号是轴承在结构形状、尺寸、公差、技术要求等有改变时，在其基本代号左右添加的代号。

### 3. 轴承代号识读举例

（1）6208

08——内径代号：$d = （8 \times 5）$ mm $= 40$mm。

2——尺寸系列代号（02）：宽度系列代号 0 省略，直径系列代号为 2。

6——轴承类型代号：深沟球轴承。

（2）62/22

22——内径代号：$d = 22\text{mm}$（用公称内径毫米数直接表示）。

2——尺寸系列代号（02）：宽度系列代号 0 省略，直径系列代号为 2。

6——轴承类型代号：深沟球轴承。

（3）30312

表 6-12　滚动轴承内径代号（GB/T 272—1993）

| 轴承公称内径/mm | | 内径代号 | 示例 |
|---|---|---|---|
| 0.6～10（非整数） | | 用公称内径毫米数直接表示，在其与尺寸系列代号之间用"/"分开 | 深沟球轴承 618/2.5　$d = 2.5\text{mm}$ |
| 1～9（整数） | | 用公称内径毫米数直接表示，对深沟及角接触轴承 7、8、9 直径系列，内径与尺寸系列代号之间用"/"分开 | 深沟球轴承　625　$d = 5\text{mm}$<br>深沟球轴承　618/5　$d = 5\text{mm}$ |
| 10～17 | 10 | 00 | 深沟球轴承　6200　$d = 10\text{mm}$ |
| | 12 | 01 | 深沟球轴承　6201　$d = 12\text{mm}$ |
| | 15 | 02 | 深沟球轴承　6202　$d = 15\text{mm}$ |
| | 17 | 03 | 深沟球轴承　6203　$d = 17\text{mm}$ |
| 20～480（22、28、32 除外） | | 公称内径除以 5 的商数，商数为个位数，需在商数左边加"0"，如 08 | 圆锥滚子轴承　30308　$d = 40\text{mm}$<br>深沟球轴承　6215　$d = 75\text{mm}$ |
| ≥500 以及 22、28、32 | | 用公称内径毫米数直接表示，但在与尺寸系列之间用"/"分开 | 调心滚子轴承 230/500　$d = 500\text{mm}$<br>深沟球轴承　62/22　$d = 22\text{mm}$ |

12——内径代号：$d = (12 \times 5)\text{mm} = 60\text{mm}$。

03——尺寸系列代号：宽度系列代号为 0，直径系列代号为 3。

3——轴承类型代号：圆锥滚子轴承。

（4）51310

10——内径代号：$d = (10 \times 5)\text{mm} = 50\text{mm}$。

13——尺寸系列代号：高度系列代号为 1，直径系列代号为 3。

5——轴承类型代号：推力球轴承。

（5）GS81107

07——内径代号：$d = (7 \times 5)\text{mm} = 35\text{mm}$。

11——尺寸系列代号：宽度系列代号为 1，直径系列代号为 1。

8——轴承类型代号：推力圆柱滚子轴承。

GS——前置代号：推力圆柱滚子轴承座圈。

（6）6210NR

NR——后置代号：轴承外圈上有止动槽，并带止动环。

10——内径代号：$d = (10 \times 5)\text{mm} = 50\text{mm}$。

2——尺寸系列代号（02）：宽度系列代号 0 省略，直径系列代号为 2。

6——轴承类型代号：深沟球轴承。

### 三、滚动轴承的画法

滚动轴承的画法，见表6-10。

### 四、弹簧

弹簧是一种用来减振、夹紧、测力和储存能量的零件，种类很多，有压缩弹簧、扭转弹簧、拉伸弹簧、涡卷弹簧和板弹簧等，如图6-54所示。用途最广的是圆柱螺旋弹簧。圆柱螺旋弹簧根据用途不同，可分为压缩弹簧、拉伸弹簧和扭转弹簧。下面主要介绍圆柱螺旋压缩弹簧的尺寸计算和规定画法。

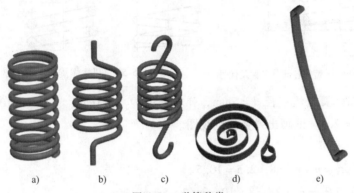

图6-54 弹簧种类

a）压缩弹簧 b）扭转弹簧 c）拉伸弹簧 d）涡卷弹簧 e）板弹簧

1. 圆柱螺旋压缩弹簧的各部分名称及尺寸计算

圆柱螺旋压缩弹簧的各部分名称及代号，如图6-55所示。

（1）簧丝直径 $d$

（2）弹簧直径

1）弹簧中径 $D$。弹簧的内外直径平均值，$D = (D_2 + D_1)/2 = D_2 - d$。

2）弹簧内径 $D_1$。弹簧的最小直径，$D_1 = D - d$。

3）弹簧外径 $D_2$。弹簧的最大直径，$D_2 = D + d$。

（3）节距 $t$ 除支承圈外，相邻两圈对应点沿轴向的距离。

（4）有效圈数 $n$、支承圈数 $n_z$ 和总圈数 $n_1$ 为了使压缩弹簧工作时受力均匀，保证轴线垂直于支承端面，两端常并紧且磨平。这部分圈数仅起支承作用，不产生弹性变形，所以称为支承圈。支承圈数 $n_z$ 有1.5圈、2圈和2.5圈三种。2.5圈用得较多，即两端各并紧1/2圈，磨平3/4圈。压缩弹簧除支承圈外，具有相等节距的圈数称为有效圈数，有效圈数 $n$ 与支承圈数 $n_z$ 之和称为总圈数 $n_1$，即

$$n_1 = n + n_z$$

（5）自由高度（或自由长度）$H_0$ 弹簧在不受外力时的高度（或长度），即

$$H_0 = nt + (n_z - 0.5)d$$

当 $n_z = 1.5$ 时，$H_0 = nt + d$；当 $n_z = 2$ 时，$H_0 = nt + 1.5d$；当 $n_z = 2.5$ 时，$H_0 = nt + 2d$。

（6）弹簧展开长度 $L$  制造时弹簧簧丝的长度。$L \approx \pi D n_1$。

**2. 圆柱螺旋压缩弹簧的规定画法**

圆柱螺旋压缩弹簧可画成视图、剖视图或示意图，如图 6-56 所示。

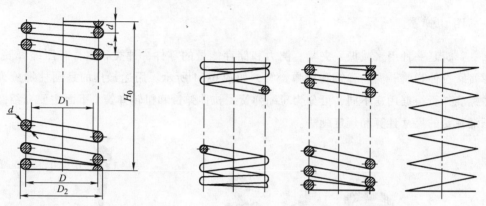

图 6-55  圆柱螺旋压缩弹簧的各部分名称及代号　　　图 6-56  圆柱螺旋压缩弹簧的画法

**例 6-1**  已知弹簧簧丝直径 $d = 5\text{mm}$，弹簧外径 $D_2 = 43\text{mm}$，节距 $t = 10\text{mm}$，有效圈数 $n = 8$，支承圈 $n_z = 2.5$。试画出弹簧的剖视图。

（1）计算

1）总圈数。$n_1 = n + n_z = 8 + 2.5 = 10.5$。

2）自由高度。$H_0 = nt + 2d = 8 \times 10\text{mm} + 2 \times 5\text{mm} = 90\text{mm}$。

3）中径。$D = D_z - d = 43\text{mm} - 5\text{mm} = 38\text{mm}$。

4）展开长度。$L \approx \pi D n_1 = 3.14 \times 38\text{mm} \times 10.5 = 1253\text{mm}$。

（2）画图

1）根据弹簧中径 $D$ 和自由高度 $H_0$ 作矩形框（图 6-57a）。

2）画出支承圈部分弹簧钢丝的断面（图 6-57b）。

3）画出有效圈部分弹簧钢丝的断面（图 6-57c）。

4）按右旋方向作相应圆的公切线及剖面线，即完成作图（图 6-57d）。

画图时，应注意以下几点：

1）圆柱螺旋压缩弹簧无论支承的圈数多少，均可按 2.5 圈绘制。

2）在平行于螺旋压缩弹簧轴线的投影面的视图中，各圈的外形轮廓应画成直线。

3）有效圈数在四圈以上的圆柱螺旋压缩弹簧，允许每端只画两圈（不包括支承圈），中间各圈可省略不画，只画通过簧丝剖面中心的两条点画线。当中间部分省略后，也可适当地缩短图形的长度。

4）右旋弹簧或旋向不作规定的圆柱螺旋压缩弹簧，在图上画成右旋；左旋弹簧允许画成右旋，但左旋弹簧不论画成左旋或右旋，一律要加注"LH"。

**3. 装配图中弹簧的规定画法**

在装配图中，弹簧中间各圈采取省略画法后，弹簧后面被挡住的零件轮廓不必画出，如图 6-58a 所示。当簧丝直径在图上小于或等于 2mm 时，可采用示意画法，如图 6-58b 所示。

如是断面，可以涂黑表示，如图 6-58c 所示。

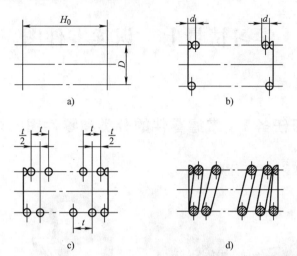

图 6-57 圆柱螺旋压缩弹簧的画图步骤

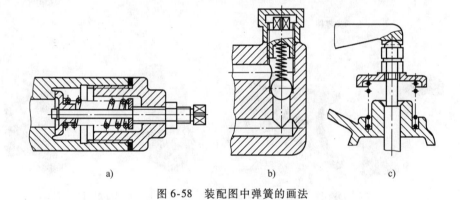

图 6-58 装配图中弹簧的画法

# 学习情景七　识读零件图

## 学习任务 1　掌握零件的分类和零件图的内容

1. 对图 7-1 中的零件进行分类

（　　）类零件　　　　　　　　　　　　（　　）类零件

（　　）类零件　　　　　　　　　　　　（　　）类零件

图 7-1　零件的分类

2. 认识零件图的作用和内容

1）回答零件图的作用。

2）看图 7-2 回答一张完整的零件图包括哪些内容？各内容有何作用？

## 相关知识及拓展知识

### 一、认识一般机器零件，熟悉零件的分类

一般机器零件如图 7-3 所示。根据零件的形状结构、加工方法、视图表达和尺寸标注等方面的特点，可以把零件归纳为四种类型。

（1）轴套类零件　包括轴、泵轴、衬套和柱塞套等。

（2）轮盘类零件　包括齿轮、端盖、带轮、手轮、法兰盘和阀盖等。

（3）叉架类零件　包括拨叉、连杆、摇臂和支架等。

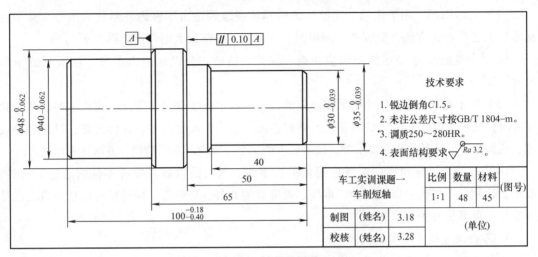

图 7-2　轴的零件图

轴套类零件　　　　　　　　　　　　　轮盘类零件

叉架类零件　　　　　　　　　　箱体类零件

图 7-3　一般机器零件

（4）箱体类零件　包括泵体、阀体、减速器箱体、液压缸体以及其他各种用途的箱体、机壳等。

## 二、零件图的作用及内容

1. 零件图的作用

任何机器或部件都是由若干零件按一定要求装配而成的，因此制造机器必须首先制造零件。零件图是制造和检验零件的主要依据，是指导生产的重要技术文件。

2. 零件图的内容

如图 7-2 所示，一张完整的零件图一般应包括以下几项内容：

（1）一组图形　用于正确、完整、清晰和简便地表达出零件内外形状的图形，其中包括零件的各种表达方法，如视图、剖视图、断面图、局部放大图和简化画法等。

（2）完整的尺寸　零件图中应正确、完整、清晰、合理地注出制造零件所需的全部尺寸。

（3）技术要求　零件图中必须用规定的代号、数字、字母和文字注解来说明制造和检验零件时，在技术指标上应达到的要求，例如表面粗糙度、尺寸公差、几何公差、材料和热处理、检验方法以及其他特殊要求等。技术要求的文字一般应写在标题栏上方图样空白处。

（4）标题栏　标题栏应配置在图框的右下角。填写的内容主要有零件的名称、材料、数量、比例、图样代号以及设计、审核、批准者的姓名、日期等。标题栏的尺寸和格式已经标准化，可参见有关国家标准。

3. 零件图上技术要求的内容

在零件图上，技术要求用以说明零件在制造时应该达到的一些质量要求。技术要求通常包括以下内容：

1）尺寸公差。

2）几何公差。

3）表面粗糙度。

4）材料热处理及表面镀涂等内容。

技术要求在图样中的表示方法有两种：一是用代号或符号标注在视图中，二是用文字简明地写在标题栏的上方或左边空白处。

# 学习任务 2　掌握极限与配合的标注方法

1. 熟悉极限与配合的基本概念

1）认识基本术语。

① 什么是尺寸？

② 什么是公称尺寸？

③ 什么是极限尺寸？什么是上极限尺寸？什么是下极限尺寸？

④ 什么是偏差？什么是上极限偏差？什么是下极限偏差？

⑤ 什么是公差？

⑥ 解释 $\phi100^{-0.020}_{-0.055}$ 的基本含义，并画出其公差带图。

2）熟悉标准公差和基本偏差。表 7-1 给出了标准公差数值。

**表 7-1　标准公差数值**

| 公称尺寸/mm | | 标准公差等级 | | | | | | | | | | | | | | | | | |
|---|---|---|---|---|---|---|---|---|---|---|---|---|---|---|---|---|---|---|---|
| 大于 | 至 | IT01 | IT0 | IT1 | IT2 | IT3 | IT4 | IT5 | IT6 | IT7 | IT8 | IT9 | IT10 | IT11 | IT12 | IT13 | IT14 | IT15 | IT16 | IT17 | IT18 |
| | | μm | | | | | | | | | | | | | mm | | | | | | |
| — | 3 | 0.3 | 0.5 | 0.8 | 1.2 | 2 | 3 | 4 | 6 | 10 | 14 | 25 | 40 | 60 | 0.1 | 0.14 | 0.25 | 0.40 | 0.60 | 1.0 | 1.4 |
| 3 | 6 | 0.4 | 0.6 | 1 | 1.5 | 2.5 | 4 | 5 | 8 | 12 | 18 | 30 | 48 | 75 | 0.12 | 0.18 | 0.30 | 0.48 | 0.75 | 1.2 | 1.8 |
| 6 | 10 | 0.4 | 0.6 | 1 | 1.5 | 2.5 | 4 | 6 | 9 | 15 | 22 | 36 | 58 | 90 | 0.15 | 0.22 | 0.36 | 0.58 | 0.90 | 1.5 | 2.2 |

（续）

| 公称尺寸/mm | | 标准公差等级 | | | | | | | | | | | | | | | | | | |
| --- | --- | --- | --- | --- | --- | --- | --- | --- | --- | --- | --- | --- | --- | --- | --- | --- | --- | --- | --- | --- |
| | | IT01 | IT0 | IT1 | IT2 | IT3 | IT4 | IT5 | IT6 | IT7 | IT8 | IT9 | IT10 | IT11 | IT12 | IT13 | IT14 | IT15 | IT16 | IT17 | IT18 |
| 大于 | 至 | μm | | | | | | | | | | | | | mm | | | | | | |
| 10 | 18 | 0.5 | 0.8 | 1.2 | 2 | 3 | 5 | 8 | 11 | 18 | 27 | 43 | 70 | 110 | 0.18 | 0.27 | 0.43 | 0.70 | 1.10 | 1.8 | 2.7 |
| 18 | 30 | 0.6 | 1 | 1.5 | 2.5 | 4 | 6 | 9 | 13 | 21 | 33 | 52 | 84 | 130 | 0.21 | 0.33 | 0.52 | 0.84 | 1.30 | 2.1 | 3.3 |
| 30 | 50 | 0.6 | 1 | 1.5 | 2.5 | 4 | 7 | 11 | 16 | 25 | 39 | 62 | 100 | 160 | 0.25 | 0.39 | 0.62 | 1.00 | 1.60 | 2.5 | 3.9 |
| 50 | 80 | 0.8 | 1.2 | 2 | 3 | 5 | 8 | 13 | 19 | 30 | 46 | 74 | 120 | 190 | 0.3 | 0.46 | 0.74 | 1.20 | 1.90 | 3.0 | 4.6 |
| 80 | 120 | 1 | 1.5 | 2.5 | 4 | 6 | 10 | 15 | 22 | 35 | 54 | 87 | 140 | 220 | 0.35 | 0.54 | 0.87 | 1.40 | 2.20 | 3.5 | 5.4 |
| 120 | 180 | 1.2 | 2 | 3.5 | 5 | 8 | 12 | 18 | 25 | 40 | 63 | 100 | 160 | 250 | 0.4 | 0.63 | 1.00 | 1.60 | 2.50 | 4.0 | 6.3 |
| 180 | 250 | 2 | 3 | 4.5 | 7 | 10 | 14 | 20 | 29 | 46 | 72 | 115 | 185 | 290 | 0.46 | 0.72 | 1.15 | 1.85 | 2.90 | 4.6 | 7.2 |
| 250 | 315 | 2.5 | 4 | 6 | 8 | 12 | 16 | 23 | 32 | 52 | 81 | 130 | 210 | 320 | 0.52 | 0.81 | 1.30 | 2.10 | 3.20 | 5.2 | 8.1 |
| 315 | 400 | 3 | 5 | 7 | 9 | 13 | 18 | 25 | 36 | 57 | 89 | 140 | 230 | 360 | 0.57 | 0.89 | 1.40 | 2.30 | 3.60 | 5.7 | 8.9 |
| 400 | 500 | 4 | 6 | 8 | 10 | 15 | 20 | 27 | 40 | 63 | 97 | 155 | 250 | 400 | 0.63 | 0.97 | 1.55 | 2.50 | 4.00 | 6.3 | 9.7 |
| 500 | 630 | — | — | 9 | 11 | 16 | 22 | 30 | 44 | 70 | 110 | 175 | 280 | 440 | 0.7 | 1.10 | 1.75 | 2.8 | 4.4 | 7.0 | 11.0 |
| 630 | 800 | — | — | 10 | 13 | 18 | 25 | 35 | 50 | 80 | 125 | 200 | 320 | 500 | 0.8 | 1.25 | 2.0 | 3.2 | 5.0 | 8.0 | 12.5 |
| 800 | 1000 | — | — | 11 | 15 | 21 | 29 | 40 | 56 | 90 | 140 | 230 | 360 | 560 | 0.9 | 1.40 | 2.3 | 3.6 | 5.6 | 9.0 | 14.0 |

查标准公差数值表（表7-1），在表7-2空白处填出对应的标准公差数值。

表7-2 标准公差数值的填写

| 公称尺寸/mm 标准公差等级 | IT6 | IT7 | IT8 |
| --- | --- | --- | --- |
| 5 | | | |
| 10 | | | |
| 20 | | | |
| 30 | | | |

解释 $\phi40f6$、$\phi40H7$ 的含义，查基本偏差数值表（表7-3、表7-4）确定基本偏差与另一极限偏差，并画出公差带图。

3）熟悉配合类型与制度。判断 $\phi40f6$ 轴与 $\phi40H7$ 孔配合类型，计算极限间隙或过盈，判断配合基准类型。

2. 标注尺寸公差

1）零件图中标注尺寸公差有哪三种形式？

2）在图7-4中标注三种形式的尺寸公差。轴为 $\phi20f6$，$\phi20^{-0.020}_{-0.033}$，$\phi20f6\left(^{-0.020}_{-0.033}\right)$；孔为 $\phi20H7$，$\phi20^{+0.021}_{0}$，$\phi20H7\left(^{+0.021}_{0}\right)$。

3. 标注配合公差

在图7-5中标注配合公差。孔为 $\phi20H7$，轴为 $\phi20f6$。

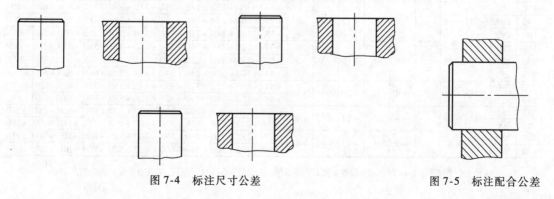

图7-4 标注尺寸公差　　　　　　图7-5 标注配合公差

表 7-3　轴的基本偏差数值　　　　　　　　　　　　（单位：μm）

| 公称尺寸/mm 大于 | 至 | 基本偏差数值(上极限偏差 es) 所有标准公差等级 | | | | | | | | | | | |
|---|---|---|---|---|---|---|---|---|---|---|---|---|---|
| | | a | b | c | cd | d | e | ef | f | fg | g | h | js |
| — | 3 | -270 | -140 | -60 | -34 | -20 | -14 | -10 | -6 | -4 | -2 | 0 | |
| 3 | 6 | -270 | -140 | -70 | -46 | -30 | -20 | -14 | -10 | -6 | -4 | 0 | |
| 6 | 10 | -280 | -150 | -80 | -56 | -40 | -25 | -18 | -13 | -8 | -5 | 0 | |
| 10 | 14 | -290 | -150 | -95 | | -50 | -32 | | -16 | | -6 | 0 | |
| 14 | 18 | -290 | -150 | -95 | | -50 | -32 | | -16 | | -6 | 0 | |
| 18 | 24 | -300 | -160 | -110 | | -65 | -40 | | -20 | | -7 | 0 | |
| 24 | 30 | -300 | -160 | -110 | | -65 | -40 | | -20 | | -7 | 0 | |
| 30 | 40 | -310 | -170 | -120 | | -80 | -50 | | -25 | | -9 | 0 | 偏差 = $\pm\dfrac{IT_n}{2}$, 式中 $IT_n$ 是 IT 值数 |
| 40 | 50 | -320 | -180 | -130 | | -80 | -50 | | -25 | | -9 | 0 | |
| 50 | 65 | -340 | -190 | -140 | | -100 | -60 | | -30 | | -10 | 0 | |
| 65 | 80 | -360 | -200 | -150 | | -100 | -60 | | -30 | | -10 | 0 | |
| 80 | 100 | -380 | -220 | -170 | | -120 | -72 | | -36 | | -12 | 0 | |
| 100 | 120 | -410 | -240 | -180 | | -120 | -72 | | -36 | | -12 | 0 | |
| 120 | 140 | -460 | -260 | -200 | | -145 | -85 | | -43 | | -14 | 0 | |
| 140 | 160 | -520 | -280 | -210 | | -145 | -85 | | -43 | | -14 | 0 | |
| 160 | 180 | -580 | -310 | -230 | | -145 | -85 | | -43 | | -14 | 0 | |
| 180 | 200 | -660 | -340 | -240 | | -170 | -100 | | -50 | | -15 | 0 | |
| 200 | 225 | -740 | -380 | -260 | | -170 | -100 | | -50 | | -15 | 0 | |
| 225 | 250 | -820 | -420 | -280 | | -170 | -100 | | -50 | | -15 | 0 | |
| 250 | 280 | -920 | -480 | -300 | | -190 | -110 | | -56 | | -17 | 0 | |
| 280 | 315 | -1050 | -540 | -330 | | -190 | -110 | | -56 | | -17 | 0 | |
| 315 | 355 | -1200 | -600 | -360 | | -210 | -125 | | -62 | | -18 | 0 | |
| 355 | 400 | -1350 | -680 | -400 | | -210 | -125 | | -62 | | -18 | 0 | |
| 400 | 450 | -1500 | -760 | -440 | | -230 | -135 | | -68 | | -20 | 0 | |
| 450 | 500 | -1650 | -840 | -480 | | -230 | -135 | | -68 | | -20 | 0 | |

| 公称尺寸/mm 大于 | 至 | 基本偏差数值(下极限偏差 ei) 所有标准公差等级 | | | | | | | | | | | | | | | | | | |
|---|---|---|---|---|---|---|---|---|---|---|---|---|---|---|---|---|---|---|---|---|
| | | IT5 和 IT6 (j) | IT7 (j) | IT8 (j) | IT4~IT7 (k) | ≤IT3 >IT7 (k) | m | n | p | r | s | t | u | v | x | y | z | za | zb | zc |
| — | 3 | -2 | -4 | -6 | 0 | 0 | +2 | +4 | +6 | +10 | +14 | | +18 | | +20 | | +26 | +32 | +40 | +60 |
| 3 | 6 | -2 | -4 | | +1 | 0 | +4 | +8 | +12 | +15 | +19 | | +23 | | +28 | | +35 | +42 | +50 | +80 |
| 6 | 10 | -2 | -5 | | +1 | 0 | +6 | +10 | +15 | +19 | +23 | | +28 | | +34 | | +42 | +52 | +67 | +97 |
| 10 | 14 | -3 | -6 | | +1 | 0 | +7 | +12 | +18 | +23 | +28 | | +33 | | +40 | | +50 | +64 | +90 | +130 |
| 14 | 18 | -3 | -6 | | +1 | 0 | +7 | +12 | +18 | +23 | +28 | | +33 | +39 | +45 | | +60 | +77 | +108 | +150 |
| 18 | 24 | -4 | -8 | | +2 | 0 | +8 | +15 | +22 | +28 | +35 | | +41 | +47 | +54 | +63 | +73 | +98 | +136 | +188 |
| 24 | 30 | -4 | -8 | | +2 | 0 | +8 | +15 | +22 | +28 | +35 | +41 | +48 | +55 | +64 | +75 | +88 | +118 | +160 | +218 |
| 30 | 40 | -5 | -10 | | +2 | 0 | +9 | +17 | +26 | +34 | +43 | +48 | +60 | +68 | +80 | +94 | +112 | +148 | +200 | +274 |
| 40 | 50 | -5 | -10 | | +2 | 0 | +9 | +17 | +26 | +34 | +43 | +54 | +70 | +81 | +97 | +114 | +136 | +180 | +242 | +325 |
| 50 | 65 | -7 | -12 | | +2 | 0 | +11 | +20 | +32 | +41 | +53 | +66 | +87 | +102 | +122 | +144 | +172 | +226 | +300 | +405 |
| 65 | 80 | -7 | -12 | | +2 | 0 | +11 | +20 | +32 | +43 | +59 | +75 | +102 | +120 | +146 | +174 | +210 | +274 | +360 | +480 |
| 80 | 100 | -9 | -15 | | +3 | 0 | +13 | +23 | +37 | +51 | +71 | +91 | +124 | +146 | +178 | +214 | +258 | +335 | +445 | +585 |
| 100 | 120 | -9 | -15 | | +3 | 0 | +13 | +23 | +37 | +54 | +79 | +104 | +144 | +172 | +210 | +254 | +310 | +400 | +525 | +690 |
| 120 | 140 | -11 | -18 | | +3 | 0 | +15 | +27 | +43 | +63 | +92 | +122 | +170 | +202 | +248 | +300 | +365 | +470 | +620 | +800 |
| 140 | 160 | -11 | -18 | | +3 | 0 | +15 | +27 | +43 | +65 | +100 | +134 | +190 | +228 | +280 | +340 | +415 | +535 | +700 | +900 |
| 160 | 180 | -11 | -18 | | +3 | 0 | +15 | +27 | +43 | +68 | +108 | +146 | +210 | +252 | +310 | +380 | +465 | +600 | +780 | +1000 |
| 180 | 200 | -13 | -21 | | +4 | 0 | +17 | +31 | +50 | +77 | +122 | +166 | +236 | +284 | +350 | +425 | +520 | +670 | +880 | +1150 |
| 200 | 225 | -13 | -21 | | +4 | 0 | +17 | +31 | +50 | +80 | +130 | +180 | +258 | +310 | +385 | +470 | +575 | +740 | +960 | +1250 |
| 225 | 250 | -13 | -21 | | +4 | 0 | +17 | +31 | +50 | +84 | +140 | +196 | +284 | +340 | +425 | +520 | +640 | +820 | +1050 | +1350 |
| 250 | 280 | -16 | -26 | | +4 | 0 | +20 | +34 | +56 | +94 | +158 | +218 | +315 | +385 | +475 | +580 | +710 | +920 | +1200 | +1550 |
| 280 | 315 | -16 | -26 | | +4 | 0 | +20 | +34 | +56 | +98 | +170 | +240 | +350 | +425 | +525 | +650 | +790 | +1000 | +1300 | +1700 |
| 315 | 355 | -18 | -28 | | +4 | 0 | +21 | +37 | +62 | +108 | +190 | +268 | +390 | +475 | +590 | +730 | +900 | +1150 | +1500 | +1900 |
| 355 | 400 | -18 | -28 | | +4 | 0 | +21 | +37 | +62 | +114 | +208 | +294 | +435 | +530 | +660 | +820 | +1000 | +1300 | +1650 | +2100 |
| 400 | 450 | -20 | -32 | | +5 | 0 | +23 | +40 | +68 | +126 | +232 | +330 | +490 | +595 | +740 | +920 | +1100 | +1450 | +1850 | +2400 |
| 450 | 500 | -20 | -32 | | +5 | 0 | +23 | +40 | +68 | +132 | +252 | +360 | +540 | +660 | +820 | +1000 | +1250 | +1600 | +2100 | +2600 |

注：公称尺寸小于或等于 1mm 时，基本偏差 a 和 b 均不采用。公差带 js7 ~ js11，若 $IT_n$ 值数是奇数，则取偏差 $=\pm\dfrac{IT_n-1}{2}$。

表 7-4　孔的基本偏差数值

（单位：μm）

| 公称尺寸/mm | | 基本偏差数值 | | | | | | | | | | | | | | | | | | | | | |
|---|---|---|---|---|---|---|---|---|---|---|---|---|---|---|---|---|---|---|---|---|---|---|---|
| | | 下极限偏差 EI（所有标准公差等级） | | | | | | | | | | | | 上极限偏差 ES | | | | | | | | | |
| 大于 | 至 | A | B | C | CD | D | E | EF | F | FG | G | H | JS | J IT6 | J IT7 | J IT8 | K ≤IT8 | K >IT8 | M ≤IT8 | M >IT8 | N ≤IT8 | N >IT8 | P至ZC ≤IT7 |
| — | 3 | +270 | +140 | +60 | +34 | +20 | +14 | +10 | +6 | +4 | +2 | 0 | 偏差=±$\frac{IT_n}{2}$，式中 $IT_n$ 是 IT 值的数 | +2 | +4 | +6 | 0 | 0 | −2 | −2 | −4 | −4 | 在大于 IT7 的相应数值上增加一个 Δ 值 |
| 3 | 6 | +270 | +140 | +70 | +46 | +30 | +20 | +14 | +10 | +6 | +4 | 0 | | +5 | +6 | +10 | −1+Δ | | −4+Δ | −4 | −8+Δ | 0 | |
| 6 | 10 | +280 | +150 | +80 | +56 | +40 | +25 | +18 | +13 | +8 | +5 | 0 | | +5 | +8 | +12 | −1+Δ | | −6+Δ | −6 | −10+Δ | 0 | |
| 10 | 14 | +290 | +150 | +95 | | +50 | +32 | | +16 | | +6 | 0 | | +6 | +10 | +15 | −1+Δ | | −7+Δ | −7 | −12+Δ | 0 | |
| 14 | 18 | +290 | +150 | +95 | | +50 | +32 | | +16 | | +6 | 0 | | +6 | +10 | +15 | −1+Δ | | −7+Δ | −7 | −12+Δ | 0 | |
| 18 | 24 | +300 | +160 | +110 | | +65 | +40 | | +20 | | +7 | 0 | | +8 | +12 | +20 | −2+Δ | | −8+Δ | −8 | −15+Δ | 0 | |
| 24 | 30 | +300 | +160 | +110 | | +65 | +40 | | +20 | | +7 | 0 | | +8 | +12 | +20 | −2+Δ | | −8+Δ | −8 | −15+Δ | 0 | |
| 30 | 40 | +310 | +170 | +120 | | +80 | +50 | | +25 | | +9 | 0 | | +10 | +14 | +24 | −2+Δ | | −9+Δ | −9 | −17+Δ | 0 | |
| 40 | 50 | +320 | +180 | +130 | | +80 | +50 | | +25 | | +9 | 0 | | +10 | +14 | +24 | −2+Δ | | −9+Δ | −9 | −17+Δ | 0 | |
| 50 | 65 | +340 | +190 | +140 | | +100 | +60 | | +30 | | +10 | 0 | | +13 | +18 | +28 | −2+Δ | | −11+Δ | −11 | −20+Δ | 0 | |
| 65 | 80 | +360 | +200 | +150 | | +100 | +60 | | +30 | | +10 | 0 | | +13 | +18 | +28 | −2+Δ | | −11+Δ | −11 | −20+Δ | 0 | |
| 80 | 100 | +380 | +220 | +170 | | +120 | +72 | | +36 | | +12 | 0 | | +16 | +22 | +34 | −3+Δ | | −13+Δ | −13 | −23+Δ | 0 | |
| 100 | 120 | +410 | +240 | +180 | | +120 | +72 | | +36 | | +12 | 0 | | +16 | +22 | +34 | −3+Δ | | −13+Δ | −13 | −23+Δ | 0 | |
| 120 | 140 | +460 | +260 | +200 | | +145 | +85 | | +43 | | +14 | 0 | | +18 | +26 | +41 | −3+Δ | | −15+Δ | −15 | −27+Δ | 0 | |
| 140 | 160 | +520 | +280 | +210 | | +145 | +85 | | +43 | | +14 | 0 | | +18 | +26 | +41 | −3+Δ | | −15+Δ | −15 | −27+Δ | 0 | |
| 160 | 180 | +580 | +310 | +230 | | +145 | +85 | | +43 | | +14 | 0 | | +18 | +26 | +41 | −3+Δ | | −15+Δ | −15 | −27+Δ | 0 | |
| 180 | 200 | +660 | +340 | +240 | | +170 | +100 | | +50 | | +15 | 0 | | +22 | +30 | +47 | −4+Δ | | −17+Δ | −17 | −31+Δ | 0 | |
| 200 | 225 | +740 | +380 | +260 | | +170 | +100 | | +50 | | +15 | 0 | | +22 | +30 | +47 | −4+Δ | | −17+Δ | −17 | −31+Δ | 0 | |
| 225 | 250 | +820 | +420 | +280 | | +170 | +100 | | +50 | | +15 | 0 | | +22 | +30 | +47 | −4+Δ | | −17+Δ | −17 | −31+Δ | 0 | |
| 250 | 280 | +920 | +480 | +300 | | +190 | +110 | | +56 | | +17 | 0 | | +25 | +36 | +55 | −4+Δ | | −20+Δ | −20 | −34+Δ | 0 | |
| 280 | 315 | +1050 | +540 | +330 | | +190 | +110 | | +56 | | +17 | 0 | | +25 | +36 | +55 | −4+Δ | | −20+Δ | −20 | −34+Δ | 0 | |
| 315 | 355 | +1200 | +600 | +360 | | +210 | +125 | | +62 | | +18 | 0 | | +29 | +39 | +60 | −4+Δ | | −21+Δ | −21 | −37+Δ | 0 | |
| 355 | 400 | +1350 | +680 | +400 | | +210 | +125 | | +62 | | +18 | 0 | | +29 | +39 | +60 | −4+Δ | | −21+Δ | −21 | −37+Δ | 0 | |
| 400 | 450 | +1500 | +760 | +440 | | +230 | +135 | | +68 | | +20 | 0 | | +33 | +43 | +66 | −5+Δ | | −23+Δ | −23 | −40+Δ | 0 | |
| 450 | 500 | +1650 | +840 | +480 | | +230 | +135 | | +68 | | +20 | 0 | | +33 | +43 | +66 | −5+Δ | | −23+Δ | −23 | −40+Δ | 0 | |

（续）

| 公称尺寸/mm | | 基本偏差数值 上极限偏差 ES 标准公差等级大于 IT7 | | | | | | | | | | | | Δ值 标准公差等级 | | | | | |
|---|---|---|---|---|---|---|---|---|---|---|---|---|---|---|---|---|---|---|---|
| 大于 | 至 | P | R | S | T | U | V | X | Y | Z | ZA | ZB | ZC | IT3 | IT4 | IT5 | IT6 | IT7 | IT8 |
| — | 3 | -6 | -10 | -14 | | -18 | | -20 | | -26 | -32 | -40 | -60 | 0 | 0 | 0 | 0 | 0 | 0 |
| 3 | 6 | -12 | -15 | -19 | | -23 | | -28 | | -35 | -42 | -50 | -80 | 1 | 1.5 | 1 | 3 | 4 | 6 |
| 6 | 10 | -15 | -19 | -23 | | -28 | | -34 | | -42 | -52 | -67 | -97 | 1 | 1.5 | 2 | 3 | 6 | 7 |
| 10 | 14 | -18 | -23 | -28 | | -33 | | -40 | | -50 | -64 | -90 | -130 | 1 | 2 | 3 | 3 | 7 | 9 |
| 14 | 18 | -18 | -23 | -28 | | -33 | -39 | -45 | | -60 | -77 | -108 | -150 | 1 | 2 | 3 | 3 | 7 | 9 |
| 18 | 24 | -22 | -28 | -35 | | -41 | -47 | -54 | -63 | -73 | -98 | -136 | -188 | 1.5 | 2 | 3 | 4 | 8 | 12 |
| 24 | 30 | -22 | -28 | -35 | -41 | -48 | -55 | -64 | -75 | -88 | -118 | -160 | -218 | 1.5 | 2 | 3 | 4 | 8 | 12 |
| 30 | 40 | -26 | -34 | -43 | -48 | -60 | -68 | -80 | -94 | -112 | -148 | -200 | -274 | 1.5 | 3 | 4 | 5 | 9 | 14 |
| 40 | 50 | -26 | -34 | -43 | -54 | -70 | -81 | -97 | -114 | -136 | -180 | -242 | -325 | 1.5 | 3 | 4 | 5 | 9 | 14 |
| 50 | 65 | -32 | -41 | -53 | -66 | -87 | -102 | -122 | -144 | -172 | -226 | -300 | -405 | 2 | 3 | 5 | 6 | 11 | 16 |
| 65 | 80 | -32 | -43 | -59 | -75 | -102 | -120 | -146 | -174 | -210 | -274 | -360 | -480 | 2 | 3 | 5 | 6 | 11 | 16 |
| 80 | 100 | -37 | -51 | -71 | -91 | -124 | -146 | -178 | -214 | -258 | -335 | -445 | -585 | 2 | 4 | 5 | 7 | 13 | 19 |
| 100 | 120 | -37 | -54 | -79 | -104 | -144 | -172 | -210 | -254 | -310 | -400 | -525 | -690 | 2 | 4 | 5 | 7 | 13 | 19 |
| 120 | 140 | -43 | -63 | -92 | -122 | -170 | -202 | -248 | -300 | -365 | -470 | -620 | -800 | 3 | 4 | 6 | 7 | 15 | 23 |
| 140 | 160 | -43 | -65 | -100 | -134 | -190 | -228 | -280 | -340 | -415 | -535 | -700 | -900 | 3 | 4 | 6 | 7 | 15 | 23 |
| 160 | 180 | -43 | -68 | -108 | -146 | -210 | -252 | -310 | -380 | -465 | -600 | -780 | -1000 | 3 | 4 | 6 | 7 | 15 | 23 |
| 180 | 200 | -50 | -77 | -122 | -166 | -236 | -284 | -350 | -425 | -520 | -670 | -880 | -1150 | 3 | 4 | 6 | 9 | 17 | 26 |
| 200 | 225 | -50 | -80 | -130 | -180 | -258 | -310 | -385 | -470 | -575 | -740 | -960 | -1250 | 3 | 4 | 6 | 9 | 17 | 26 |
| 225 | 250 | -50 | -84 | -140 | -196 | -284 | -340 | -425 | -520 | -640 | -820 | -1050 | -1350 | 3 | 4 | 6 | 9 | 17 | 26 |
| 250 | 280 | -56 | -94 | -158 | -218 | -315 | -385 | -475 | -580 | -710 | -920 | -1200 | -1550 | 4 | 4 | 7 | 9 | 20 | 29 |
| 280 | 315 | -56 | -98 | -170 | -240 | -350 | -425 | -525 | -650 | -790 | -1000 | -1300 | -1700 | 4 | 4 | 7 | 9 | 20 | 29 |
| 315 | 355 | -62 | -108 | -190 | -268 | -390 | -475 | -590 | -730 | -900 | -1150 | -1500 | -1900 | 4 | 5 | 7 | 11 | 21 | 32 |
| 355 | 400 | -62 | -114 | -208 | -294 | -435 | -530 | -660 | -820 | -1000 | -1300 | -1650 | -2100 | 4 | 5 | 7 | 11 | 21 | 32 |
| 400 | 450 | -68 | -126 | -232 | -330 | -490 | -595 | -740 | -920 | -1100 | -1450 | -1850 | -2400 | 5 | 5 | 7 | 13 | 23 | 34 |
| 450 | 500 | -68 | -132 | -252 | -360 | -540 | -660 | -820 | -1000 | -1250 | -1600 | -2100 | -2600 | 5 | 5 | 7 | 13 | 23 | 34 |

注：1. 公称尺寸小于或等于1mm时，基本偏差 A 和 B 及大于 IT8 的 N 均不采用。公差带 JS7～JS11，若 $IT_n$ 值数是奇数，则取偏差 $= \pm \dfrac{IT_n - 1}{2}$。

2. 对小于或等于 IT8 的 K、M、N 和小于或等于 IT7 的 P～ZC，所需 Δ 值从表内右侧选取。例如：18～30mm 段的 K7，Δ=8μm，所以 ES = （-2+8）μm = +6μm；18～30mm 段的 S6，Δ=4μm，所以 ES = -35+4μm = -31μm。特殊情况：250～315mm 段的 M6，ES = -9μm（代替 -11μm）。

## 相关知识及拓展知识

1. 基本概念

（1）有关尺寸的术语定义  尺寸是指用特定单位表示长度值的数字，如直径、半径、宽度、深度、高度和中心距等。在机械制图中，图样上的尺寸通常以 mm 为单位，在标注时常将单位省略，仅标注数值。当以其他单位表示尺寸时，则应注明相应的长度单位。

1）公称尺寸。设计给定的尺寸称为公称尺寸（孔用 $D$ 表示，轴用 $d$ 表示），代表尺寸的基本大小，不是加工要求。设计时，一般通过强度和刚度计算或从机械结构等方面考虑来给定公称尺寸。

2）实际尺寸。加工后，用量具实际测量所得到的尺寸（孔用 $D_a$ 表示，轴用 $d_a$ 表示）。

3）极限尺寸。允许尺寸变化的两个界限值称为极限尺寸。其中较大的称为上极限尺寸，较小的称为下极限尺寸（孔用 $D_{max}$、$D_{min}$ 表示，轴用 $d_{max}$、$d_{min}$ 表示）。

极限尺寸是具体的加工要求。若完工的零件，任一位置的实际尺寸小于或等于上极限尺寸，大于或等于下极限尺寸方为合格，否则为不合格，即

孔合格：$D_{min} \leq D_a \leq D_{max}$          轴合格：$d_{min} \leq d_a \leq d_{max}$

（2）有关尺寸偏差和公差的术语及定义

1）尺寸偏差。某一尺寸减其公称尺寸所得到的代数差称为尺寸偏差（简称偏差），其值可为正、负或零。

① 实际偏差。实际尺寸减其公称尺寸所得到的代数差称为实际偏差，用"$\Delta$"表示。实际尺寸大于公称尺寸时，实际偏差为正；实际尺寸小于公称尺寸时，实际偏差为负；实际尺寸等于公称尺寸时，实际偏差为零。计算时必须带上正号或负号。

② 极限偏差。极限尺寸减其公称尺寸所得到的代数差称为极限偏差。上极限尺寸减其公称尺寸所得到的代数差称为上极限偏差（孔用 ES 表示，轴用 es 表示）；下极限尺寸减其公称尺寸所得到的代数差称为下极限偏差（孔用 EI 表示，轴用 ei 表示）。计算式为

孔：$ES = D_{max} - D$    $EI = D_{min} - D$        轴：$es = d_{max} - d$    $ei = d_{min} - d$

因为极限尺寸可能大于、小于或等于公称尺寸，故上、下极限偏差也可能为正、负或零。但上极限尺寸总是大于下极限尺寸，所以上极限偏差总是大于下极限偏差。判定零件是否合格的条件为

$$孔：ES \geq \Delta \geq EI    轴：es \geq \Delta \geq ei$$

2）尺寸公差（简称公差）。尺寸允许的变动量即尺寸公差（孔用 $T_D$ 表示，轴用 $T_d$ 表示），其计算式为

孔尺寸公差：$T_D = D_{max} - D_{min} = ES - EI$        轴尺寸公差：$T_d = d_{max} - d_{min} = es - ei$

必须指出公差和偏差是两个不同的概念。公差是绝对值，没有正、负，不能为零。公差大小代表加工精度高低。若公差值小，则加工精度高；反之则低。偏差是代数差，可以为正、负或零。偏差决定尺寸相对于公称尺寸的位置。

3）尺寸公差带。用图表示零件的尺寸相对其公称尺寸所允许变动的范围，称为尺寸公

差带图，如图 7-6 所示。在尺寸公差带图中，公差带是由代表上极限偏差和下极限偏差的两条直线所限定的一个区域。

绘图步骤为：零线水平布置代表公称尺寸；相对于零线用适当比例画出上、下极限偏差位置，偏差为正绘在零线上方，偏差为负绘在零线下方，偏差为零与零线重合；上、下极限偏差之间的宽度表示公差带的大小，即公差值。

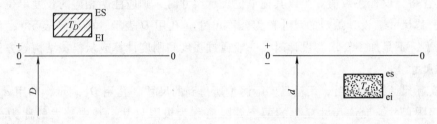

图 7-6　孔、轴上下极限偏差、尺寸公差带图

（3）有关配合的术语及定义

1）配合。公称尺寸相同的，相互结合的孔和轴公差带之间的关系。

2）间隙或过盈。相配合的孔尺寸减去轴尺寸所得到的代数差，为正时称为间隙，为负时称为过盈。

3）配合性质。

① 间隙配合。设计的孔、轴相配合，任何情况下孔尺寸大于轴尺寸，孔与轴之间始终具有间隙（包括最小间隙等于零）。特点是孔的公差带在轴的公差带之上，如图 7-7a 所示。

当孔为上极限尺寸、轴为下极限尺寸时，配合后得到最大间隙；当孔为下极限尺寸、轴为上极限尺寸时，配合后得到最小间隙，即

最大间隙：$X_{max} = D_{max} - d_{min} = ES - ei$　　　　最小间隙：$X_{min} = D_{min} - d_{max} = EI - es$

实际加工后的合格孔、轴相配合时，其实际间隙在上述范围内变动。

② 过盈配合。设计的孔、轴相配合，任何情况下孔尺寸小于轴尺寸，孔与轴之间始终具有过盈（包括最小过盈等于零）。特点是孔的公差带在轴的公差带之下，如图 7-7c 所示。

当孔为上极限尺寸、轴为下极限尺寸时，配合后得到最小过盈；当孔为下极限尺寸、轴为上极限尺寸时，配合后得到最大过盈，即

最小过盈：$Y_{min} = D_{max} - d_{min} = ES - ei$　　　　最大过盈：$Y_{max} = D_{min} - d_{max} = EI - es$

实际加工后的合格孔、轴相配合时，其实际过盈在上述范围内变动。

③ 过渡配合。设计的孔、轴相配合，孔尺寸可能小于或大于轴尺寸，孔与轴之间有时具有过盈、有时具有间隙。特点是孔、轴公差带相互重叠，如图 7-7b 所示。

当孔为上极限尺寸、轴为下极限尺寸时，配合后得到最大间隙；当孔为下极限尺寸、轴为上极限尺寸时，配合后得到最大过盈，即

最大间隙：$X_{max} = D_{max} - d_{min} = ES - ei$　　　最大过盈：$Y_{max} = D_{min} - d_{max} = EI - es$

实际加工后的合格孔、轴相配合，其实际间隙或过盈在上述范围内变动。

4）配合公差。允许间隙或过盈的变动量，称为配合公差。配合公差大小表明配合的松紧程度，代表装配的难易程度。计算式为

间隙配合：$T_f = \mid X_{max} - X_{min} \mid$　　　过盈配合：$T_f = \mid Y_{min} - Y_{max} \mid$　　　过渡配合：$T_f = \mid X_{max} - Y_{max} \mid$

上述三类配合的配合公差都可换算为 $T_f = T_D + T_d$，该式表明装配精度与零件的加工精度有关。

三种配合实例综合比较见表7-5。

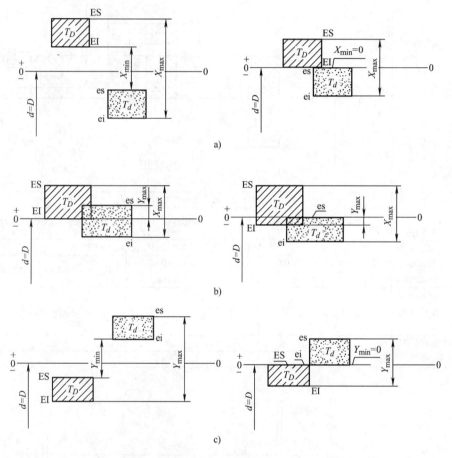

图 7-7　三种配合

a）间隙配合　b）过渡配合　c）过盈配合

2. 公差等级与标准公差数值

公差等级是确定尺寸精确程度的等级。由于不同零件和零件上不同部位的尺寸对精确程度的要求不同，国家标准设置了 20 个公差等级，代号为 IT01、IT0、IT1、…、IT18，其中 IT01 精度最高，其余依次降低，IT18 精度最低。

标准公差数值由公差等级和公称尺寸确定。使用时查表确定（表7-1）。

标准公差数值在公称尺寸相同的条件下，随公差等级的降低而依次增大；在公差等级相同的条件下，随公称尺寸增大而增大。

表7-5　三种配合实例综合比较　　　　　　（单位：mm）

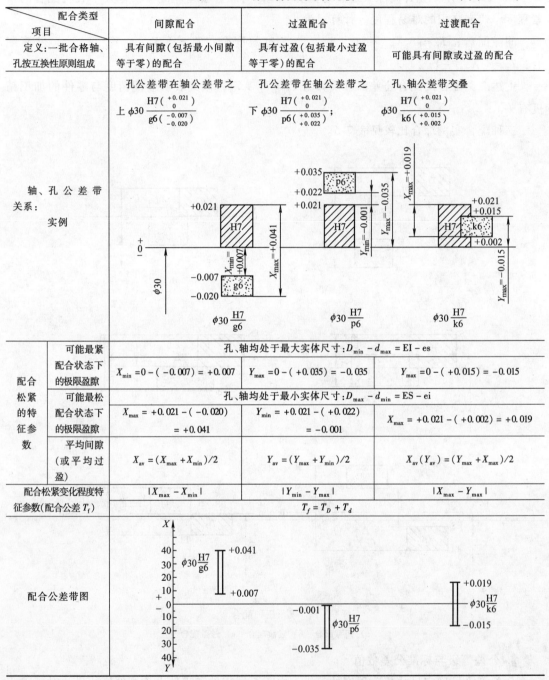

| 配合类型<br>项目 | 间隙配合 | 过盈配合 | 过渡配合 |
|---|---|---|---|
| 定义：一批合格轴、孔按互换性原则组成 | 具有间隙（包括最小间隙等于零）的配合 | 具有过盈（包括最小过盈等于零）的配合 | 可能具有间隙或过盈的配合 |
| 轴、孔公差带关系：<br>实例 | 孔公差带在轴公差带之上 $\phi30\dfrac{H7\binom{+0.021}{0}}{g6\binom{-0.007}{-0.020}}$ | 孔公差带在轴公差带之下 $\phi30\dfrac{H7\binom{+0.021}{0}}{p6\binom{+0.035}{+0.022}}$; | 孔、轴公差带交叠 $\phi30\dfrac{H7\binom{+0.021}{0}}{k6\binom{+0.015}{+0.002}}$ |

| 配合松紧的特征参数 | 可能最紧配合状态下的极限盈隙 | 孔、轴均处于最大实体尺寸：$D_{min}-d_{max}=EI-es$ | | |
|---|---|---|---|---|
| | | $X_{min}=0-(-0.007)=+0.007$ | $Y_{max}=0-(+0.035)=-0.035$ | $Y_{max}=0-(+0.015)=-0.015$ |
| | 可能最松配合状态下的极限盈隙 | 孔、轴均处于最小实体尺寸：$D_{max}-d_{min}=ES-ei$ | | |
| | | $X_{max}=+0.021-(-0.020)$ $=+0.041$ | $Y_{min}=+0.021-(+0.022)$ $=-0.001$ | $X_{max}=+0.021-(+0.002)=+0.019$ |
| | 平均间隙（或平均过盈） | $X_{av}=(X_{max}+X_{min})/2$ | $Y_{av}=(Y_{max}+Y_{min})/2$ | $X_{av}(Y_{av})=(Y_{max}+X_{max})/2$ |

| 配合松紧变化程度特征参数（配合公差 $T_f$） | $\lvert X_{max}-X_{min}\rvert$ | $\lvert Y_{min}-Y_{max}\rvert$ | $\lvert X_{max}-Y_{max}\rvert$ |
|---|---|---|---|
| | $T_f=T_D+T_d$ | | |

| 配合公差带图 | |
|---|---|

## 3. 基本偏差系列

（1）基本偏差　在尺寸公差带图中，靠近零线的那个偏差称为基本偏差。基本偏差确定公差带的位置，原则上与公差等级无关。

（2）基本偏差系列　为了满足各种不同配合的需要，必须将孔和轴的公差带位置标准化。国家标准对孔和轴各规定了28个基本偏差，代表28个公差带位置，组成基本偏差系列。基本偏差代号用拉丁字母表示，小写代表轴，大写代表孔，如图 7-8 所示。

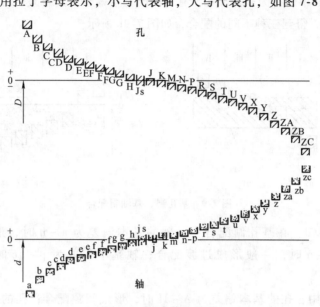

图 7-8 基本偏差系列

（3）轴、孔的基本偏差数值（表 7-3、表 7-4）

（4）综合举例 例 7-1 查表确定 $\phi40f6$、$\phi80K7$ 的基本偏差与另一极限偏差。

解 $\phi40f6$：查表 7-1 可知，IT6、公称尺寸 40mm，标准公差数值为 0.016mm。

查表 7-3 可知，公称尺寸 40mm、基本偏差代号为 f，es = -0.025mm。

因为 $T_d = es - ei$， 故 ei = es - $T_d$ = -0.025mm - 0.016mm = -0.041mm。

即 $\phi40f6$ 的基本偏差为 -0.025mm，另一极限偏差为 -0.041mm。

$\phi80K7$：查表 7-1 可知，IT7、公称尺寸 80mm，标准公差值为 0.030mm。

查表 7-4 可知，公称尺寸 80mm、基本偏差代号为 K，ES = -0.002 + $\Delta$，查同表 $\Delta$ = 0.011mm。

因为 $T_D$ = ES - EI，故 EI = ES - $T_D$ = +0.009mm - 0.030mm = -0.021mm。

即 $\phi80K7$ 的基本偏差为 0.009mm，另一极限偏差为 -0.021mm。

4. 基准制

从孔、轴配合的公差带图可知，变更孔、轴公差带的相对位置，可以组成不同性质、不同松紧的配合。若固定一个，变更另一个，便可获得满足不同性能要求的配合。因此，国家标准对孔与轴公差带之间的相互位置关系规定了两种基准制，即基孔制与基轴制。

（1）基孔制 基孔制是基本偏差为一定的孔公差带，与不同基本偏差的轴公差带所形成各种配合的一种制度。基孔制中的孔称为基准孔，基本偏差是下极限偏差且数值为零，代号为 H。基孔制配合中的轴为非基准轴，有不同的基本偏差，其公差带可与基准孔公差带形成不同的相对位置，得到三种不同的配合，如图 7-9a 所示。

（2）基轴制 基轴制是基本偏差为一定的轴公差带，与不同基本偏差的孔公差带所形成各种配合的一种制度。基轴制中的轴称为基准轴，基本偏差是上极限偏差且数值为零，代号为 h。基轴制配合中的孔为非基准孔，有不同的基本偏差，其公差带可与基准轴公差带形成不同的相对位置，得到三种不同的配合，如图 7-9b 所示。

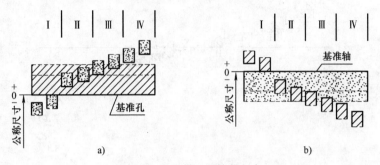

图 7-9　基孔制、基轴制配合

从图 7-8 中可知：在基孔制配合中，轴的基本偏差为 a~h 时，形成间隙配合；轴的基本偏差为 js~n 时，一般形成过渡配合；轴基本偏差为 p~zc 时，一般形成过盈配合。

在基轴制配合中，孔的基本偏差为 A~H 时，形成间隙配合；孔的基本偏差为 JS~N 时，一般形成过渡配合；孔的基本偏差为 P~ZC 时，一般形成过盈配合。

5. 极限与配合的标注

（1）在零件图中的标注（图 7-10）　孔、轴的公差带代号由基本偏差代号和公差等级数字组成。例如，H8、F7、K7、P7 等为孔的公差带代号，h7、f6、r6、p6 等为轴的公差带代号。孔、轴尺寸公差在零件图中的三种标注方法，如图 7-10 所示。

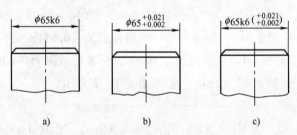

图 7-10　孔、轴尺寸公差在零件图中的三种标注方法

（2）在装配图中的标注

用孔公差带代号作分子，轴的公差带代号作分母即成为配合代号，如 $\phi80H7/k6$、$\phi45H7/p6$、$\phi50G7/h6$、$\phi30H7/h6$ 等，其一般只在装配图中标注。

（3）公差带和配合性质的认识

1）$\phi40f6$。公称尺寸为 40mm、基本偏差代号为 f、公差等级为 IT6 的轴公差带。

2）$\phi50K7$。公称尺寸为 50mm、基本偏差代号为 K、公差等级为 IT7 的孔公差带。

3）$\phi40h6$。公称尺寸为 40mm、基本偏差代号为 h、公差等级为 IT6 的基准轴公差带。

4）$\phi60H7$。公称尺寸为 60mm、基本偏差代号为 H、公差等级为 IT7 的基准孔公差带。

5）$\phi80H7/k6$。公称尺寸为 80mm、孔公差带 H7、轴公差带 k6 的基孔制过渡配合。

6）$\phi50G7/h6$。公称尺寸为 50mm、孔公差带 G7、轴公差带 h6 的基轴制间隙配合。

7）$\phi30H7/h6$。公称尺寸为 30mm、孔公差带 H7、轴公差带 h6 的基孔制或基轴制间隙配合。

**6. 常用和优先用公差带与配合**

孔、轴各 20 个公差等级和 28 种基本偏差，可组成孔公差带 543 种、轴公差带 544 种。若都用于工厂生产，显然是不经济的。因此 GB/T 1801—2009 对孔、轴规定了一般、常用和优先用公差带，如图 7-11、图 7-12 所示。选择时，应优先选用圆圈中的公差带，其次选用方框中的公差带，最后选用其他的公差带。常用和优先用配合见表 7-6、表 7-7。

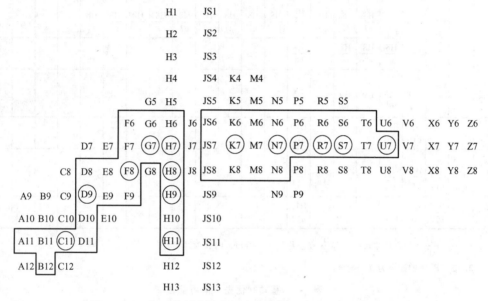

图 7-11　一般、常用和优先用孔公差带（公称尺寸至 500mm）

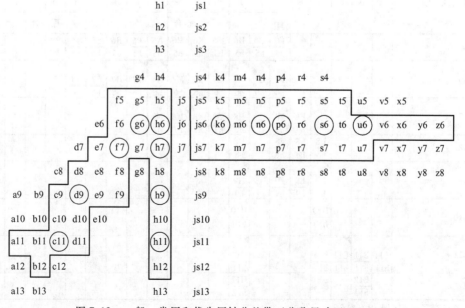

图 7-12　一般、常用和优先用轴公差带（公称尺寸至 500mm）

表 7-6　基孔制优先、常用配合

| 基准孔 | 轴 | | | | | | | | | | | | | | | | | | | | |
| --- | --- | --- | --- | --- | --- | --- | --- | --- | --- | --- | --- | --- | --- | --- | --- | --- | --- | --- | --- | --- | --- |
| | a | b | c | d | e | f | g | h | js | k | m | n | p | r | s | t | u | v | x | y | z |
| | 间隙配合 | | | | | | | | 过渡配合 | | | | 过盈配合 | | | | | | | | |
| H6 | | | | | | $\frac{H6}{f5}$ | $\frac{H6}{g5}$ | $\frac{H6}{h5}$ | $\frac{H6}{js5}$ | $\frac{H6}{k5}$ | $\frac{H6}{m5}$ | $\frac{H6}{n5}$ | $\frac{H6}{p5}$ | $\frac{H6}{r5}$ | $\frac{H6}{s5}$ | $\frac{H6}{t5}$ | | | | | |
| H7 | | | | | | $\frac{H7}{f6}$ | $\frac{H7}{g6}$ | $\frac{H7}{h6}$ | $\frac{H7}{js6}$ | $\frac{H7}{k6}$ | $\frac{H7}{m6}$ | $\frac{H7}{n6}$ | $\frac{H7}{p6}$ | $\frac{H7}{r6}$ | $\frac{H7}{s6}$ | $\frac{H7}{t6}$ | $\frac{H7}{u6}$ | $\frac{H7}{v6}$ | $\frac{H7}{x6}$ | $\frac{H7}{y6}$ | $\frac{H7}{z6}$ |
| H8 | | | | | $\frac{H8}{e7}$ | $\frac{H8}{f7}$ | $\frac{H8}{g7}$ | $\frac{H8}{h7}$ | $\frac{H8}{js7}$ | $\frac{H8}{k7}$ | $\frac{H8}{m7}$ | $\frac{H8}{n7}$ | $\frac{H8}{p7}$ | $\frac{H8}{r7}$ | $\frac{H8}{s7}$ | $\frac{H8}{t7}$ | $\frac{H8}{u7}$ | | | | |
| H8 | | | $\frac{H8}{c8}$ | $\frac{H8}{d8}$ | | $\frac{H8}{f8}$ | | $\frac{H8}{h8}$ | | | | | | | | | | | | | |
| H9 | | | $\frac{H9}{c9}$ | $\frac{H9}{d9}$ | $\frac{H9}{e9}$ | $\frac{H9}{f9}$ | | $\frac{H9}{h9}$ | | | | | | | | | | | | | |
| H10 | | | $\frac{H10}{c10}$ | $\frac{H10}{d10}$ | | | | $\frac{H10}{h10}$ | | | | | | | | | | | | | |
| H11 | $\frac{H11}{a11}$ | $\frac{H11}{b11}$ | $\frac{H11}{c11}$ | $\frac{H11}{d11}$ | | | | $\frac{H11}{h11}$ | | | | | | | | | | | | | |
| H12 | | $\frac{H12}{b12}$ | | | | | | $\frac{H12}{h12}$ | | | | | | | | | | | | | |

注：1. $\frac{H6}{n5}$、$\frac{H7}{p6}$ 在公称尺寸≤3mm 和 $\frac{H8}{r7}$ 在公称尺寸≤100mm 时，为过渡配合。

　　 2. 带 "▼" 的配合为优先配合。

表 7-7　基轴制优先、常用配合

| 基准轴 | 孔 | | | | | | | | | | | | | | | | | | | | |
| --- | --- | --- | --- | --- | --- | --- | --- | --- | --- | --- | --- | --- | --- | --- | --- | --- | --- | --- | --- | --- | --- |
| | A | B | C | D | E | F | G | H | JS | K | M | N | P | R | S | T | U | V | X | Y | Z |
| | 间　隙　配　合 | | | | | | | | 过　渡　配　合 | | | | 过　盈　配　合 | | | | | | | | |
| h5 | | | | | | $\frac{F6}{h5}$ | $\frac{G6}{h5}$ | $\frac{H6}{h5}$ | $\frac{JS6}{h5}$ | $\frac{K6}{h5}$ | $\frac{M6}{h5}$ | $\frac{N6}{h5}$ | $\frac{P6}{h5}$ | $\frac{R6}{h5}$ | $\frac{S6}{h5}$ | $\frac{T6}{h5}$ | | | | | |
| h6 | | | | | | $\frac{F7}{h6}$ | $\frac{G7}{h6}$ | $\frac{H7}{h6}$ | $\frac{JS7}{h6}$ | $\frac{K7}{h6}$ | $\frac{M7}{h6}$ | $\frac{N7}{h6}$ | $\frac{P7}{h6}$ | $\frac{R7}{h6}$ | $\frac{S7}{h6}$ | $\frac{T7}{h6}$ | $\frac{U7}{h6}$ | | | | |
| h7 | | | | | $\frac{E8}{h7}$ | $\frac{F8}{h7}$ | | $\frac{H8}{h7}$ | $\frac{JS8}{h7}$ | $\frac{K8}{h7}$ | $\frac{M8}{h7}$ | $\frac{N8}{h7}$ | | | | | | | | | |
| h8 | | | | $\frac{D8}{h8}$ | $\frac{E8}{h8}$ | $\frac{F8}{h8}$ | | $\frac{H8}{h8}$ | | | | | | | | | | | | | |
| h9 | | | | $\frac{D9}{h9}$ | $\frac{E9}{h9}$ | $\frac{F9}{h9}$ | | $\frac{H9}{h9}$ | | | | | | | | | | | | | |
| h10 | | | | $\frac{D10}{h10}$ | | | | $\frac{H10}{h10}$ | | | | | | | | | | | | | |
| h11 | $\frac{A11}{h11}$ | $\frac{B11}{h11}$ | $\frac{C11}{h11}$ | $\frac{D11}{h11}$ | | | | $\frac{H11}{h11}$ | | | | | | | | | | | | | |
| h12 | | $\frac{B12}{h12}$ | | | | | | $\frac{H12}{h12}$ | | | | | | | | | | | | | |

注：标注"▼"的配合为优先配合。

**7. 一般公差——线性尺寸的未注公差**

（1）线性尺寸一般公差的概念　线性尺寸一般公差是在车间普通工艺条件下，机床设备一般加工能力可保证的公差。线性尺寸的一般公差主要用于较低精度的非配合尺寸，一般可以不进行检验。

（2）一般公差的作用　简化制图，使图样清晰易读；节省图样设计时间；突出注出公差的要素，以便在加工和检验时引起重视。

（3）线性尺寸一般公差的表示方法　可在图样上、技术文件或标准中用线性尺寸的一般公差标准号和公差等级代号表示。例如，当选用中等级时，可在零件图样上标明：未注公差尺寸按 GB/T 1804—m。线性尺寸的极限偏差数值，见表 7-8。

表 7-8　线性尺寸的极限偏差数值　　　　　　　　　　　　　（单位：mm）

| 公差等级 | 尺 寸 分 段 | | | | | | | |
|---|---|---|---|---|---|---|---|---|
| | 0.5～3 | >3～6 | >6～30 | >30～120 | >120～400 | >400～1000 | >1000～2000 | >2000～4000 |
| 精密 f | ±0.05 | ±0.05 | ±0.1 | ±0.15 | ±0.2 | ±0.3 | ±0.5 | — |
| 中等 m | ±0.1 | ±0.1 | ±0.2 | ±0.3 | ±0.5 | ±0.8 | ±1.2 | ±2 |
| 粗糙 c | ±0.2 | ±0.3 | ±0.5 | ±0.8 | ±1.2 | ±2 | ±3 | ±4 |
| 最粗 v | — | ±0.5 | ±1 | ±1.5 | ±2.5 | ±4 | ±6 | ±8 |

倒圆半径和倒角高度尺寸的极限偏差数值见表 7-9。

表 7-9　倒圆半径和倒角高度尺寸的极限偏差数值　　　　　　（单位：mm）

| 公 差 等 级 | 尺 寸 分 段 | | | |
|---|---|---|---|---|
| | 0.5～3 | >3～6 | >6～30 | >30 |
| 精密 f | ±0.2 | ±0.5 | ±1 | ±2 |
| 中等 m | | | | |
| 粗糙 c | ±0.4 | ±1 | ±2 | ±4 |
| 最粗 v | | | | |

**8. 标准温度**

所有公差表中的数值均为标准温度 20℃时的数值。当使用条件偏离标准温度时，应予以修正。

# 学习任务 3　掌握几何公差

**1. 初步认识几何公差**

1）在图 7-13a 中，孔、轴的尺寸及公差均满足设计要求，但轴线出现弯曲，你认为装配还能达到要求吗？弯曲过大时还会出现什么情况？

2）如果图 7-13b 中的两锥齿轮轴线明显不垂直，其装配能达到要求吗？严重不垂直时还会出现什么情况？

**2. 认识几何公差的任务、符号**

在表 7-10 中画出各几何特征的符号。

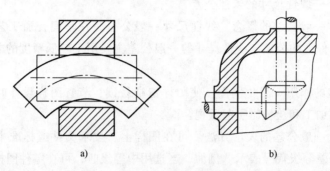

图 7-13   几何公差

表 7-10   几何公差的几何特征符号（GB/T 1182—2008）

| 分　类 | | 几何特征 | 符　号 | 有或无基准要求 |
|---|---|---|---|---|
| 形状公差 | 形状 | 直线度 | | 无 |
| | | 平面度 | | 无 |
| | | 圆度 | | 无 |
| | | 圆柱度 | | 无 |
| 形状、方向或位置公差 | 轮廓 | 线轮廓度 | | 有或无 |
| | | 面轮廓度 | | 有或无 |
| 方向公差 | 定向 | 平行度 | | 有 |
| | | 垂直度 | | 有 |
| | | 倾斜度 | | 有 |
| 位置公差 | 定位 | 位置度 | | 有或无 |
| | | 同轴度(同心度) | | 有 |
| | | 对称度 | | 有 |
| 跳动公差 | 跳动 | 圆跳动 | | 有 |
| | | 全跳动 | | 有 |

3. 看懂几何公差的标注

1）看懂公差框格。解释图 7-14 各几何公差的含义。

2）看懂被测要素。指出图 7-15 中的被测要素是什么？

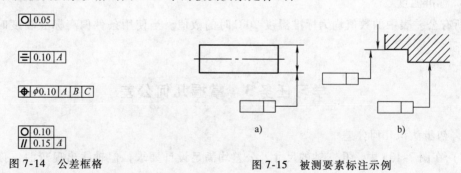

图 7-14   公差框格

图 7-15   被测要素标注示例

3）看懂基准要素。指出图 7-16 中的基准要素是什么？

4. 看懂零件图上标注几何公差的实例

1）写出图 7-17 中几何公差的含义（几何公差标注符合 GB/T 1182—2008 的规定）。

2）写出图 7-18 中几何公差的含义（几何公差标注符合 GB/T 1182—2008 的规定）。

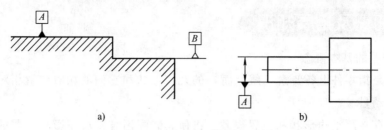

图 7-16　基准要素标注示例

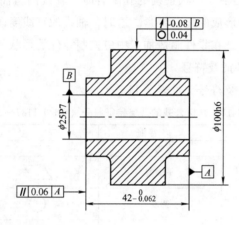

图 7-17　零件图上标注几何公差的实例（一）

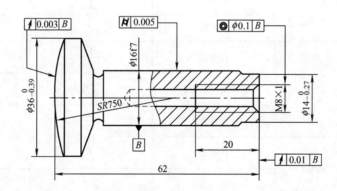

图 7-18　零件图上标注几何公差的实例（二）

## 相关知识及拓展知识

**1. 几何公差的基本概念**

几何公差是指零件上各要素（线、面）的几何形状和它们的相对位置相对理想形状和位置的允许变动量。

如果零件存在严重的形状和位置误差，将使其装配困难，从而影响机器的质量，如图7-13a所示，当轴线不直的轴与形状正确的孔配合时，轴线的弯曲使配合的间隙比原来单纯考虑孔与轴的实际尺寸所形成的配合要紧。这时，轴线的直线度误差在配合效果上相当于增大了轴的实际尺寸。因此，在零件制造加工中应控制零件的形状和位置误差。

**2. 几何公差的几何特征及符号**

几何公差的几何特征及符号，见表7-11。

表7-11 几何公差的几何特征符号（GB/T 1182—2008）

| 分 类 | | 几 何 特 征 | 符 号 | 有或无基准要求 |
|---|---|---|---|---|
| 形状公差 | 形状 | 直线度 | —— | 无 |
| | | 平面度 | ▱ | 无 |
| | | 圆度 | ○ | 无 |
| | | 圆柱度 | ⌀ | 无 |
| 形状、方向或位置公差 | 轮廓 | 线轮廓度 | ⌒ | 有或无 |
| | | 面轮廓度 | ⌓ | 有或无 |
| 方向公差 | 定向 | 平行度 | // | 有 |
| | | 垂直度 | ⊥ | 有 |
| | | 倾斜度 | ∠ | 有 |
| 位置公差 | 定位 | 位置度 | ⊕ | 有或无 |
| | | 同轴度（同心度） | ◎ | 有 |
| | | 对称度 | = | 有 |
| 跳动公差 | 跳动 | 圆跳动 | ↗ | 有 |
| | | 全跳动 | ⌰ | 有 |

**3. 几何公差的标注**

（1）公差框格  公差框格用细实线画出，可水平或垂直绘制。公差框格由两格或多格组成。公差框格中的内容从左到右按下列次序填写：几何特征符号、公差值，需要时用一个或多个字母表示基准要素或基准体系，如图7-14所示。对同一个要素有一个以上的几何特征的公差要求时，可将一个公差框格放在另一个的下面，如图7-14所示。

（2）被测要素 用带箭头的指引线将被测要素与公差框格一端相连，指引线箭头指向公差带的宽度方向或直径方向。指引线箭头所指部位可能有以下几种情况。

① 当被测要素为轴线、球心或中心平面时，指引线箭头应与该要素的尺寸线对齐，如图 7-15a 所示。

② 当被测要素为线或表面时，指引线箭头应指向该要素的轮廓线或其引出线上，并应明显地与尺寸线错开，如图 7-15b 所示。

（3）基准要素 与被测要素相关的基准用一大写字母表示，字母标注在基准方格内，与一个涂黑的或空白的三角形相连以表示基准（图 7-16）；表示基准的字母还应标注在公差框格内，并且一律水平书写。

① 当基准要素为轮廓要素时，基准三角形应放置在该要素的轮廓线或其延长线上，并应明显地与尺寸线箭头错开，如图 7-16a 所示。

② 当基准要素为中心要素时，基准三角形应放置在该要素的尺寸线的延长线上，如图 7-16b 所示。

4. 零件图上标注几何公差的实例

标注几何公差的实例，如图 7-17 所示。

在图 7-17 中，几何公差的含义如下：

（1）$\boxed{/\!/ \ | \ 0.06 \ | \ A}$ 零件左端面对零件右端面的平行度公差为 0.06mm。

（2）$\boxed{\begin{array}{c} / \ | \ 0.08 \ | \ B \\ \bigcirc \ | \ 0.04 \end{array}}$ $\phi$100h6 的外圆表面对 $\phi$25P7 轴线的径向圆跳动公差为 0.08mm；圆度公差为 0.04mm。

## 学习任务 4　掌握表面粗糙度符号、代号及其注法

1. 初步认识表面粗糙度

1）什么是表面粗糙度？

2）表面粗糙度的评定参数有哪些？其含义是什么？

2. 看懂表面粗糙度符号

在表 7-12 中表面粗糙度符号意义前画出对应符号。

表 7-12　表面粗糙度符号及意义

| 符　号 | 意　义 |
|---|---|
|  | 基本图形符号，表示表面可用任何方法获得。当不加注表面粗糙度参数值或有关说明（例如，表面处理、局部热处理状况等）时，仅适用于简化代号标注 |
|  | 基本图形符号上加一短横（扩展图形符号一），表示表面是用去除材料的方法获得的。例如，车、铣、钻、磨、剪切、抛光、腐蚀、电火花加工、气割等 |
|  | 基本图形符号上加一小圆圈（扩展图形符号二），表示表面是用不去除材料的方法获得的。例如，铸、锻、冲压变形、热轧、冷轧、粉末冶金等，或者是用于保持原供应状况的表面（包括保持上道工序的状况） |
|  | 完整图形符号，在基本、扩展图形符号长边上加一横线 |
|  | 工件轮廓表面图形符号，在长边和横线交点处画一圆圈 |

3. 看懂表面粗糙度高度参数值的注写

解释表 7-13 中表面粗糙度符号的含义。

表 7-13 表面粗糙度符号的含义

| 符　　号 | 含　　义 |
|---|---|
| $\sqrt{}$ $Ra\ 3.2$ | |
| $\sqrt{}$ $Ra\ 3.2$ | |
| $\sqrt{}$ $Ra\ 3.2$ | |
| $\sqrt{}$ $Ra\ 3.2$ $Ra\ 1.6$ | |

4. 看懂图样上的标注方法

请说出图 7-19 中各表面粗糙度的含义。

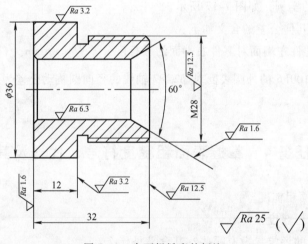

图 7-19　表面粗糙度的标注

## 相关知识及拓展知识

1. 表面粗糙度的概念及参数

（1）表面粗糙度的概念　零件表面经过加工后，看起来很光滑，经放大观察却凹凸不平，如图 7-20a 所示。表面粗糙度是指加工后的零件表面上具有的较小间距和微小峰谷所组成的微观几何形状特征，一般是由所采取的加工方法或其他因素形成的。

（2）表面粗糙度的评定参数　国家标准中规定了两个评定表面粗糙度的高度参数：轮廓的算术平均偏差 $Ra$ 和轮廓的最大高度 $Rz$。一般常用高度参数 $Ra$。

1）轮廓的算术平均偏差 $Ra$。如图 7-20b 所示，在取样长度内，沿测量方向（$Y$ 方向）的轮廓线上的点与基准线之间的距离绝对值的算术平均值。$Ra$ 值见表 7-14。

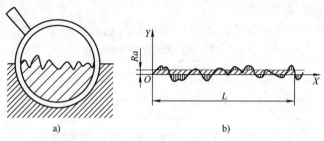

图 7-20　表面粗糙度

2）轮廓的最大高度 $Rz$。在取样长度内，轮廓最高峰顶线和最低谷底线之间的距离。$Rz$ 值见表 7-15。

**表 7-14　轮廓的算术平均偏差 $Ra$ 的数值**　　　　（单位：μm）

| $Ra$ | 0.012 | 0.2 | 3.2 | 50 |
| | 0.025 | 0.4 | 6.3 | 100 |
| | 0.05 | 0.8 | 12.5 | |
| | 0.1 | 1.6 | 25 | |

**表 7-15　轮廓的最大高度 $Rz$ 的数值**　　　　（单位：μm）

| $Rz$ | 0.025 | 0.8 | 25 | 800 |
| | 0.05 | 1.6 | 50 | 1600 |
| | 0.1 | 3.2 | 100 | |
| | 0.2 | 6.3 | 200 | |
| | 0.4 | 12.5 | 400 | |

**2. 表面粗糙度符号**

1）表面粗糙度符号及意义，见表 7-16。

**表 7-16　表面粗糙度符号及意义**

| 符　　号 | 意　　义 |
| --- | --- |
| ∨ | 基本图形符号，表示表面可用任何方法获得。当不加注表面粗糙度参数值或有关说明（例如，表面处理、局部热处理状况等）时，仅适用于简化代号标注 |
| ∨ | 基本图形符号上加一短横，表示表面是用去除材料的方法获得的。例如，车、铣、钻、磨、剪切、抛光、腐蚀、电火花加工、气割等 |
| ∨ | 基本图形符号上加一小圆圈，表示表面是用不去除材料的方法获得的。例如，铸、锻、冲压变形、热轧、冷轧、粉末冶金等，或者是用于保持原供应状况的表面（包括保持上道工序的状况） |
| ∨∨∨ | 完整图形符号，在基本、扩展图形符号长边上加一横线 |
| ∨∨∨ | 工件轮廓表面图形符号，在长边和横线交点处画一圆圈 |

2）表面粗糙度符号的画法，如图 7-21 所示。

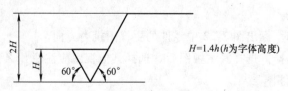

图 7-21　表面粗糙度符号的画法

3. 表面粗糙度高度参数值的注写

表面粗糙度高度参数值中的轮廓算术平均偏差 $Ra$ 值的标注及含义，见表7-17。

表7-17 表面粗糙度符号的含义

| 符 号 | 含 义 |
|---|---|
| $\sqrt{}$ $Ra\,3.2$ | 用任何方法获得的表面,其粗糙度 $Ra$ 的上限值为 $3.2\mu m$ |
| $\sqrt{}$ $Ra\,3.2$ | 用去除材料的方法获得的表面,其粗糙度 $Ra$ 的上限值为 $3.2\mu m$ |
| $\sqrt{}$ $Ra\,3.2$ | 用不去除材料的方法获得的表面,其粗糙度 $Ra$ 的上限值为 $3.2\mu m$ |
| $\sqrt{}$ $Ra\,3.2$ $Ra\,1.6$ | 用任何方法获得的表面,其粗糙度 $Ra$ 的上限值为 $3.2\mu m$,下限值为 $1.6\mu m$ |

4. 图样上的标注方法及含义

表面粗糙度的标注方法，如图7-19所示。图7-19中表面粗糙度的含义如下。

(1) $\sqrt{}^{Ra\,3.2}$ $\phi36$ 外圆柱表面采用去除材料的方法获得，表面粗糙度 $Ra$ 的上限值为 $3.2\mu m$。

(2) $\sqrt{}^{Ra\,12.5}$ M28 螺纹牙表面采用去除材料的方法获得，表面粗糙度 $Ra$ 的上限值为 $12.5\mu m$。

(3) $\sqrt{}^{Ra\,6.3}$ 内孔表面采用去除材料的方法获得，表面粗糙度 $Ra$ 的上限值为 $6.3\mu m$。

(4) $\sqrt{}^{Ra\,1.6}$ 右端圆锥孔采用去除材料的方法获得，表面粗糙度 $Ra$ 的上限值为 $1.6\mu m$。

(5) $\sqrt{}^{Ra\,1.6}$ 左端面采用去除材料的方法获得，表面粗糙度 $Ra$ 的上限值为 $1.6\mu m$。

(6) $\sqrt{}^{Ra\,3.2}$ $\phi36$ 外圆右端环形端面采用去除材料的方法获得，表面粗糙度 $Ra$ 的上限值为 $3.2\mu m$。

(7) $\sqrt{}^{Ra\,12.5}$ 右端面采用去除材料的方法获得，表面粗糙度 $Ra$ 的上限值为 $12.5\mu m$。

(8) $\sqrt{}^{Ra\,25}$ ($\sqrt{}$) 除有单独粗糙度要求的表面外，其余表面采用去除材料的方法获得，表面粗糙度 $Ra$ 的上限值为 $25\mu m$。

# 学习任务5 识读典型零件图

1. 读懂视图的选择

1) 主视图的选择。标出图7-22中零件的主视图投射方向。

2) 其他视图的选择。选择好主视图后，选择其他视图应注意什么?

2. 识读轴套类零件图

1) 读图7-23所示轴类零件，思考其用途及结构特点。

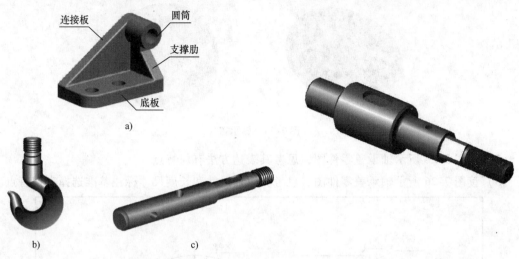

图 7-22 主视图的选择　　　　　　　　　　图 7-23 主轴

2）读图 7-24 所示主轴零件图，思考其表达方法有何特点。

3）读图 7-24 所示主轴零件图，思考其直径尺寸和长度尺寸标注基准选择有何特点。

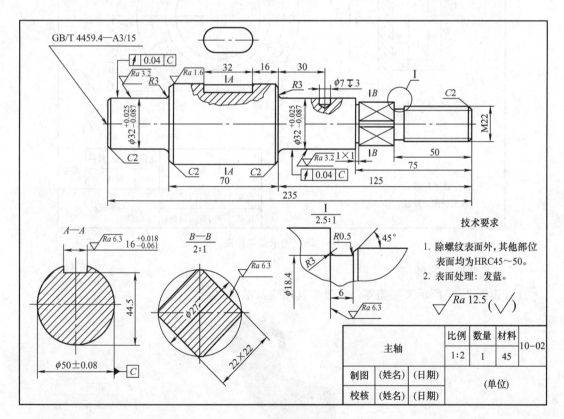

图 7-24 主轴零件图

3. 识读轮盘类零件图

1）读图 7-25 所示轮盘类零件，思考其用途及结构特点。

图 7-25　轴承盖

2）读图 7-26 所示轴承盖零件图，思考其表达方法有何特点。

3）读图 7-26 所示轴承盖零件图，思考其直径尺寸和长度尺寸标注基准选择有何特点。

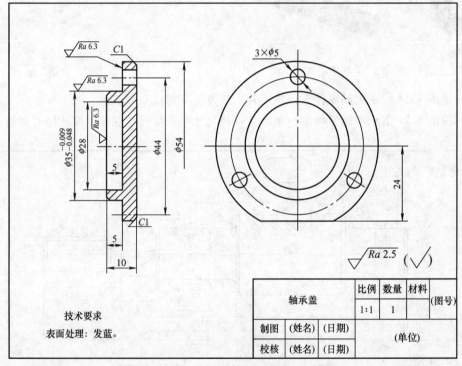

图 7-26　轴承盖零件图

4. 识读叉架类零件图

1）读图 7-27 所示叉架类零件，思考其用途及结构特点。

图 7-27　踏脚座

2）读图 7-28 所示踏脚座零件图，思考其表达方法有何特点。

3）读图 7-28 所示踏脚座零件图，思考其长度尺寸标注基准选择有何特点。

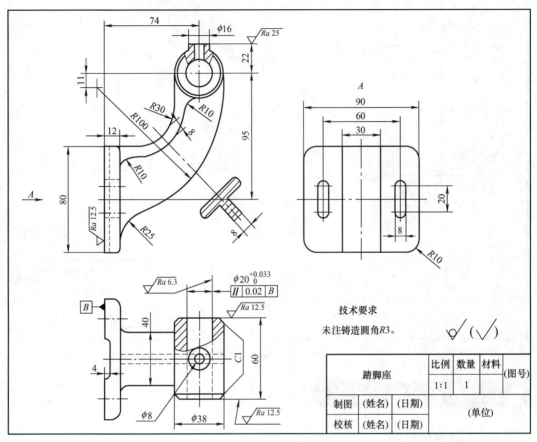

图 7-28　踏脚座零件图

5. 识读箱体类零件图

1）读图 7-29 所示箱体类零件，思考其用途及结构特点。

图 7-29　阀体

2）读图 7-30 所示阀体零件图，思考其表达方法有何特点。

3）读图 7-30 所示阀体零件图，思考其直径尺寸和长度尺寸标注基准选择有何特点。

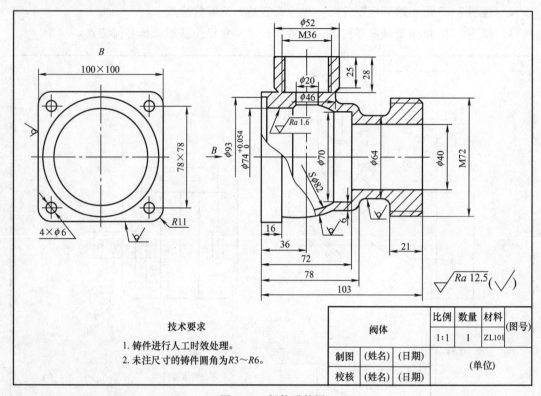

技术要求

1. 铸件进行人工时效处理。
2. 未注尺寸的铸件圆角为$R3\sim R6$。

| 阀体 | | 比例 | 数量 | 材料 | (图号) |
|---|---|---|---|---|---|
| | | 1:1 | 1 | ZL101 | |
| 制图 | (姓名) | (日期) | | (单位) | |
| 校核 | (姓名) | (日期) | | | |

图 7-30  阀体零件图

## 相关知识及拓展知识

### 一、主视图的选择

从读图方便这一基本要求出发，在选择主视图时，应综合考虑以下三个原则。

**1. 形状特征原则**

在主视图的投射方向上，应能尽量多地反映出零件各组成部分的结构特征及相互位置关系，如图 7-31 所示。

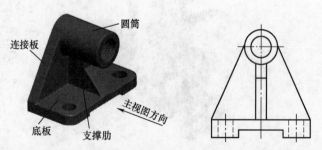

图 7-31  主视图的选择（一）

**2. 工作位置原则**

主视图的投射方向，应符合零件在机器上的工作位置，如图 7-32 所示。对支架、箱体等非回转体零件，选择主视图时，一般应遵循这一原则。

　3. 加工位置原则

　主视图的投射方向，应尽量与零件主要的加工位置一致，如图 7-33 所示。对轴、套、轮、盘类等回转体零件，选择主视图时，一般应遵循这一原则。

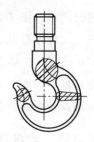

图 7-32　主视图的选择（二）

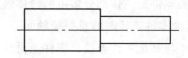

图 7-33　主视图的选择（三）

## 二、轴套类零件的识读

　1. 用途与结构

　1）轴类零件主要用于支承传动零件和传递动力，套类零件一般是装在轴上，起轴向定位、传递、连接等作用。

　2）这类零件的各组成部分多是同轴线的回转体，且轴向尺寸大于径向尺寸，从总体上看是细而长的回转体，如图 7-23 所示。

　3）根据设计和工艺上的要求，这类零件多带有键槽、轴肩、螺纹、挡圈槽、退刀槽、中心孔等局部结构。

　2. 常用的表达方法

　1）轴套类零件主要在车床上加工。选择主视图时，按加工位置将其轴线水平放置，键槽朝前作为主视图投射方向较好。

　2）常采用断面图、局部视图、局部剖视图等来表达键槽、花键和其他槽、孔等结构的形状。

　3）常用局部放大图表达零件上细小结构的形状和尺寸。

　3. 实例分析

　如图 7-24 所示，选用轴线水平放置与加工位置一致的主视图表达该轴整体形状，选用 $A—A$ 、$B—B$ 移出断面图表达键槽形状及截面形状，用局部放大图表达退刀槽的形状。

　4. 尺寸标注

　（1）直径尺寸　轴、套是回转体，其直径尺寸是以轴线为基准（即径向尺寸基准），由此注出如图 7-24 中的尺寸 $\phi32^{+0.025}_{-0.087}$、$\phi50\pm0.08$、M22。

　（2）长度方向的尺寸　一般是以轴、套的左右两端面为基准标注，以便在加工过程中进行测量。图 7-24 中的尺寸 50、75、125 和 235，均以右端面为基准进行标注。但是，有些长度尺寸不是从这两端面开始标注，如图 7-24 中的轴 $\phi50 \pm 0.08$ 段，长度尺寸 70 是从轴 $\phi50 \pm 0.08$ 右端开始标注的，那么轴 $\phi50 \pm 0.08$ 右端又成了长度方向的另一基准；前者是主要基准，后者是辅助基准。在同一方向上只能有一个主要基准，左、右两端面也只能根据情况选择一个端面为主要基准。

### 三、轮盘类零件的识读

1. 用途与结构

1）轮盘类零件，如手轮、齿轮、带轮及盘、端盖、轴承盖（图 7-25）等。它们可起传动、定位、密封等作用。

2）这类零件的主体部分多由回转体组成，且轴向尺寸小于径向尺寸，其中往往有一个端面是与其他零件连接时的重要接触面。

3）为了与其他零件连接，零件上设计了光孔、键槽、螺孔、止口、凸台等结构。

2. 常用的表达方法

1）该类零件主要在车床上加工。选择主视图时，一般其轴线应水平放置。

2）多采用两个基本视图：主视图常用剖视图表达内部结构；另一视图表达零件的外形轮廓及其各部分（如凸缘、孔、肋、轮辐等的分布情况）如图 7-26 所示。如果两端面都较复杂，还需增加另一端面的视图。

3. 实例分析

图 7-26 所示的轴承盖，主视图选择轴线水平放置，与工作位置一致，又与加工位置相适应。主视图采用全剖视图，将其内部结构全部表达出来。选用右视图表达其端面轮廓形状及各孔的相对位置。

4. 尺寸标注

（1）径向尺寸　轮盘类零件在标注尺寸时，通常选用通过轴孔的轴线作为径向尺寸基准。图 7-26 中的轴承盖零件图就是这样选择的。

（2）长度方向的尺寸　长度方向的尺寸基准常选用重要的端面。图 7-26 所示的轴承盖，以其左端面为长度方向尺寸的主要基准。

### 四、叉架类零件的识读

1. 用途与结构

叉架类零件主要起操纵、支承和连接作用。其形式多种多样，结构比较复杂。其形状结构按功能的不同常分为三部分：工作部分、安装固定部分和连接部分，如图 7-27 所示。

2. 常用表达方法

1）叉架类零件结构形状比较复杂，加工位置多变，主视图一般按工作位置原则和形状特征原则确定。

2）一般需要用两个或两个以上的基本视图，并取适当的剖视图来表达。

3）对局部结构常采用斜视图、局部视图、剖视图等方法表达。

3. 实例分析

图 7-28 所示踏脚座零件图，主视图以工作位置放置并考虑形状特征，俯视图采用局部剖视图，表达安装孔的形状及定位孔的位置，踏脚座连接部分的形状采用了移出断面图表达。A 向视图表达了踏脚板的形状结构。

4. 尺寸标注

叉架类零件标注尺寸时，通常选用安装基面或零件的对称面作为尺寸基准，如图 7-28 所示的踏脚座零件图。

（1）长度方向的尺寸　选用踏脚板左端面作为长度方向的尺寸基准。

（2）高度方向的尺寸　选用安装板的水平对称面作为高度方向的尺寸基准。

（3）宽度方向的尺寸　宽度方向的尺寸基准是前后方向的对称平面，由此在俯视图和 A 向视图中，注出尺寸 40、60、30、90，在移出断面图中，注出尺寸 8 等。

## 五、箱体类零件的识读

1. 用途与结构

箱体类零件，如阀体（图 7-29）、泵体、箱体等，主要起包容支承、密封等作用，内部需安装各种零件，因此结构较复杂。一般是由一定厚度的四壁及类似外形的内腔构成的箱形体。箱壁部分常设计有安装轴、密封盖、轴承盖、油杯、油塞等零件的凸台、凹坑、沟槽、螺孔等结构。箱体类零件多为铸件。

2. 常用表达方法

箱体类零件主视图常根据箱体的安装工作位置、主要结构特征进行选择。在基本视图上，常采用局部剖视图或通过对称平面作剖视图，以表达其内部形状及外形。同时还采用局部视图、局部剖视图、斜视图、断面图等表达局部结构形状。

3. 实例分析

图 7-30 所示的阀体零件图，主视图按工作位置选取，采用局部剖视图清楚地表达内腔的结构。左端法兰上有通孔，从 B 向视图中，可知四个孔的分布情况。

4. 尺寸标注

常选用设计轴线、对称面、重要端面和重要安装面作为尺寸基准。对于箱体上需要加工的部分，应尽可能按便于加工和检验的要求标注尺寸，符合基准统一原则。

# 学习情景八　识读装配图

## 学习任务1　认识装配图

1. 认识装配图的作用

装配图有何作用？

2. 认识装配图的内容

结合图 8-1 所示齿轮油泵装配图回答一张完整的装配图应包含哪些内容？

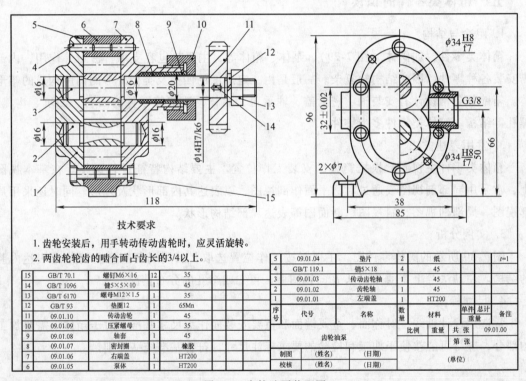

**技术要求**

1. 齿轮安装后，用手转动传动齿轮时，应灵活旋转。
2. 两齿轮轮齿的啮合面占齿长的 3/4 以上。

| 15 | GB/T 70.1 | 螺钉M6×16 | 12 | 35 | | |
| 14 | GB/T 1096 | 键5×5×10 | 1 | 45 | | |
| 13 | GB/T 6170 | 螺母M12×1.5 | 1 | 35 | | |
| 12 | GB/T 93 | 垫圈12 | 1 | 65Mn | | |
| 11 | 09.01.10 | 传动齿轮 | 1 | 45 | | |
| 10 | 09.01.09 | 压紧螺母 | 1 | 35 | | |
| 9 | 09.01.08 | 轴套 | 1 | 45 | | |
| 8 | 09.01.07 | 密封圈 | 1 | 橡胶 | | |
| 7 | 09.01.06 | 右端盖 | 1 | HT200 | | |
| 6 | 09.01.05 | 泵体 | 1 | HT200 | | |

| 5 | 09.01.04 | 垫片 | 2 | 纸 | | t=1 |
| 4 | GB/T 119.1 | 销5×18 | 4 | 45 | | |
| 3 | 09.01.03 | 传动齿轮轴 | 1 | 45 | | |
| 2 | 09.01.02 | 齿轮轴 | 1 | 45 | | |
| 1 | 09.01.01 | 左端盖 | 1 | HT200 | | |
| 序号 | 代号 | 名称 | 数量 | 材料 | 单件 总计 重量 | 备注 |

| 齿轮油泵 | | | 比例 | 重量 | 共 张 | 09.01.00 |
| | | | | | 第 张 | |
| 制图 | (姓名) | (日期) | | | | |
| 校核 | (姓名) | (日期) | | (单位) | | |

图 8-1　齿轮油泵装配图

## 相关知识及拓展知识

在机械设计和机械制造的过程中，装配图是不可缺少的重要技术文件。它是表达机器或部件的工作原理和零件、部件间的装配、连接关系的技术图样。

1. 装配图的作用

在产品或部件的设计过程中，一般是先根据设计画出装配图，再根据装配图进行零件设计，画出零件图。在产品或部件的制造过程中，先根据零件图进行零件加工和检验，再按照依据装配图所制订的装配工艺规程，将零件装配成机器或部件。在产品或部件的使用、维护及维修过程中，也经常要通过装配图来了解产品或部件的工作原理及构造。

2. 装配图的内容

图 8-2 所示为一台齿轮泵轴测图（图中未画密封圈 8）。其工作原理：齿轮泵是机器润滑供油系统中的一个主要部件，当外部动力经传动齿轮传至传动齿轮轴 3 时，即产生旋转运动。当传动齿轮轴 3 按逆时针方向旋转时，齿轮轴 2 则按顺时针方向旋转，如图 8-3 所示。右边啮合的轮齿逐步分开，空腔体积逐渐扩大，油压降低，因而油池中的油在大气压力的作用下，沿吸油口进入泵腔中，齿槽中的油随着齿轮的继续旋转被带到左边；左边的各对轮齿又重新啮合，空腔体积缩小，使齿槽中不断挤出的油成为高压油，并由压油口压出，然后经管道被输送到需要供油的部位，以实现供油润滑功能。

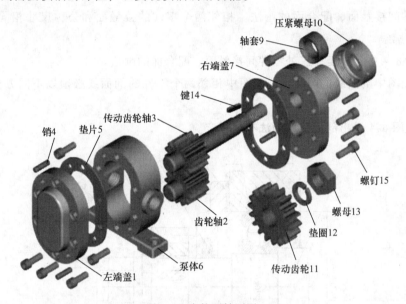

图 8-2 齿轮泵轴测图

图 8-1 所示为齿轮泵的装配图，由此图可以看到一张完整的装配图应具备如下内容。

（1）一组视图 根据产品或部件的具体结构，选用适当的表达方法，用一组视图正确、完整、清晰地表达产品或部件的工作原理、各组成零件间的相互位置和装配关系及主要零件的结构形状。

① 图 8-1 中的主视图采用全剖视图，主要表示齿轮泵机构的工作原理和零件间的装配关系。

② 图 8-1 中的左视图采用半剖视图，主要表达左端盖、泵体、齿轮的结构形状。

（2）必要的尺寸 装配图中，必须标注反映产品或部件的规格、外形、装配、安装所需的必要尺寸，另

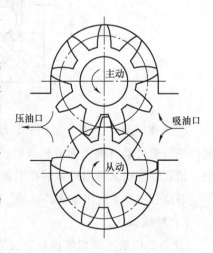

图 8-3 齿轮泵工作原理简图

外，在设计过程中经过计算而确定的重要尺寸，也必须标注，如图 8-1 所示。

（3）技术要求　在装配图中，用文字或国家标准规定的符号注写出该装配体在装配、检验、使用等方面的要求，如图 8-1 所示。

（4）零、部件序号、标题栏和明细栏　按国家标准规定的格式绘制标题栏和明细栏，并按一定格式将零、部件进行编号，填写标题栏和明细栏，如图 8-1 所示。

## 学习任务 2　掌握装配图中的基本规定

1. 读懂装配图中的表达方法

1）规定画法。

① 零件间接触面、配合面的画法。相邻两个零件的接触面和公称尺寸相同的配合面，只画一条轮廓线。

请在图 8-4 中指出至少三处零件间接触面、配合面的画法。

② 装配图中剖面线的画法。装配图中相邻两个零件的剖面线必须以不同方向或不同的间隔画出。

请结合图 8-4 说出剖面线的画法有何规定。

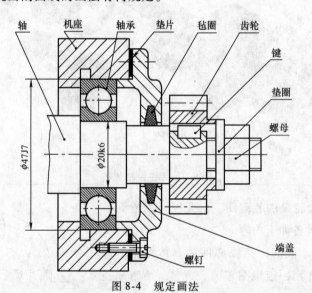

图 8-4　规定画法

③ 在装配图中，对于紧固件、轴、球、手柄、键、连杆等实心零件，若沿纵向剖切且剖切平面通过其对称平面或轴线时，这些零件均按不剖绘制。如需要表明零件的凹槽、键槽、销孔等结构，可用局部剖视图表示。

请结合图 8-4 说出紧固件、轴、球、手柄、键、连杆等实心零件的画法有何规定。

2）特殊画法。

① 拆卸画法（或沿零件结合面的剖切画法）。在装配图的某一视图中，为了表达一些重要零件的内、外部形状，可假想拆去一个或几个零件后绘制该视图。

请在图 8-5 中指出何处采用了拆卸画法，是如何画的？

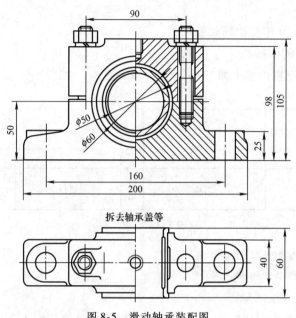

拆去轴承盖等

图 8-5　滑动轴承装配图

② 假想画法。在装配图中，为了表达与本部件有装配关系但又不属于本部件的相邻零、部件，可用双点画线画出相邻零、部件的部分轮廓。

请在图 8-6 中指出假想画法。

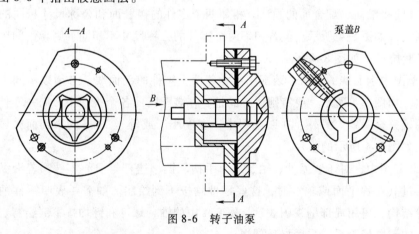

图 8-6　转子油泵

③ 单独表达某个零件的画法。在装配图中，当某个零件的主要结构在其他视图中未能表示清楚，而该零件的形状对部件的工作原理和装配关系的理解起着十分重要的作用时，可单独画出该零件的某一视图。

请在图 8-6 中指出单独表达某个零件的画法。

3）简化画法。

① 在装配图中，若干相同的零、部件组，可详细地画出一组，其余只需用点画线表示其位置即可。

② 在装配图中，零件的工艺结构，如倒角、圆角、退刀槽、起模斜度、滚花等均可不画。

请在图 8-4 ~ 图 8.6 中指出简化画法。

2. 读懂装配图中的明细栏

请把图 8-1 中明细栏内容中的 1 ~ 3 号零件填入图 8-7 中。

| 序号 | 代号 | 名称 | 数量 | 材料 | 单件 | 总计 | 备注 |
|------|------|------|------|------|------|------|------|
|      |      |      |      |      |      |      |      |
|      |      |      |      |      |      |      |      |
|      |      |      |      |      | 重量 |      |      |

图 8-7　明细栏

## 相关知识及拓展知识

1. 装配图中表达方法的规定

装配图的重点是将装配体的结构、工作原理和零件间的装配关系正确、清晰地表示清楚。前面所介绍的机件表示法中的画法及相关规定对装配图同样适用。但由于表达的重点不同，国家标准对装配图的画法又做了一些规定。

（1）规定画法

1）零件间接触面、配合面的画法。相邻两个零件的接触面和公称尺寸相同的配合面只画一条轮廓线，如图 8-4 所示。但若相邻两个零件的公称尺寸不相同，则无论间隙大小，均要画成两条轮廓线，如图 8-4 所示。

2）装配图中剖面线的画法。装配图中相邻两个零件的剖面线，必须以不同方向或不同的间隔画出，如图 8-4 所示。要特别注意的是，在装配图的各个视图中，同一零件的剖面线方向、间隔须完全一致。另外，在装配图中，宽度小于或等于 2mm 的窄剖面区域，可全部涂黑表示，如图 8-4 所示的垫片。

3）在装配图中，对于紧固件、轴、球、手柄、键、连杆等实心零件，若沿纵向剖切且剖切平面通过其对称平面或轴线时，这些零件均按不剖绘制。如需要表明零件的凹槽、键槽、销孔等结构，可用局部剖视图表示。图 8-4 中的轴、螺钉和键均按不剖绘制。为了表示轴和齿轮间的键联接关系，采用局部剖视。

（2）特殊画法

为了使装配图能简便、清晰地表达出部件中某些组成部分的形状特征，国家标准还规定了以下特殊画法和简化画法。

1）拆卸画法（或沿零件结合面的剖切画法）。在装配图的某一视图中，为了表达一些重要零件的内、外部形状，可假想拆去一个或几个零件后绘制该视图。图 8-5 所示的滑动轴承装配图，其俯视图的右半部即是拆去轴承盖、螺柱等零件后画出的。

图 8-6 所示转子油泵的右视图采用的是沿零件结合面剖切画法。

2）假想画法。在装配图中，为了表达与本部件有装配关系但又不属于本部件的相邻零、部件，可用双点画线画出相邻零、部件的部分轮廓。图 8-6 中的主视图，与转子泵相邻的零件即是用双点画线画出的。

在装配图中，当需要表达运动零件的运动范围或极限位置时，也可用双点画线画出该零件在极限位置处的轮廓。

3）单独表达某个零件的画法。在装配图中，当某个零件的主要结构在其他视图中未能表示清楚，而该零件的形状对部件的工作原理和装配关系的理解起着十分重要的作用时，可单独画出该零件的某一视图，如图 8-6 所示转子泵的泵盖 $B$ 向视图。

注意，这种表达方法要在所画视图上方注出该零件及其视图的名称。

（3）简化画法

1）在装配图中，若干相同的零、部件组，可详细地画出一组，其余只需用点画线表示其位置即可，如图 8-5 所示的螺柱联接。

2）在装配图中，零件的工艺结构，如倒角、圆角、退刀槽、起模斜度、滚花等均可不画，如图 8-4 所示的轴。

2. 装配图中零、部件编号的规定（GB/T 4458.2—2003）

（1）一般规定　装配图中零、部件编号的一般规定有：

1）装配图中所有的零、部件都必须编写序号。

2）装配图中一个部件可以只编写一个序号；同一装配图中相同的零、部件只编写一次。

3）装配图中零、部件序号，应与明细栏中的序号一致。

（2）序号的编排方法　装配图中编写零、部件序号的常用方法有三种，如图 8-8 所示。

1）同一装配图中编写零、部件序号的形式应一致。

2）指引线应自所指部分的可见轮廓内引出，并在末端画一圆点。如所指部分轮廓内不便画圆点时，可在指引线末端画一箭头，并指向该部分的轮廓，如图 8-9 所示。

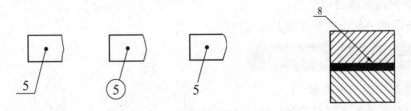

图 8-8　序号的编写方法　　　　　图 8-9　指引线画法

3）指引线可画成折线，但只可曲折一次。

4）一组紧固件以及装配关系清楚的零件组，可以采用公共指引线，如图 8-10 所示。

5）零件的序号应沿水平或垂直方向，按顺时针或逆时针方向顺次排列，序号间隔应尽可能相等，如图 8-12 所示的微动机构装配图。

3. 装配图中明细栏的规定

（1）标题栏（GB/T 10609.1—2008）装配图中标题栏格式与零件图中相同。

（2）明细栏（GB/T 10609.2—2009）明细栏按图8-11所示绘制。填写明细栏时要注意以下问题。

1）序号按自下而上的顺序填写，如向上延伸位置不够，可在标题栏的左边自下而上延续。

2）备注栏可填写该项的附加说明或其他有关的内容。

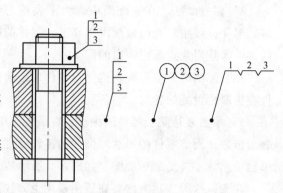

图 8-10　公共指引线

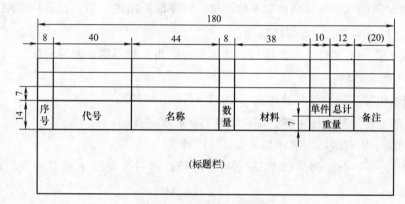

图 8-11　标题栏与明细栏

## 学习任务 3　识读装配图的基本要求、方法和步骤

1. 读装配图的基本要求

读装配图的基本要求有哪些？

2. 读装配图的方法和步骤

读装配图的一般方法和步骤是怎样的？

### 相关知识及拓展知识

1. 读装配图的基本要求

读装配图的基本要求可归纳为以下几点。

1）了解部件的名称、用途、性能和工作原理。

2）弄清各零件间的相对位置、装配关系和装拆顺序。

3）弄懂各零件的结构形状及作用。

读装配图要达到上述要求，不仅要掌握制图知识，还需要具备一定的生产和相关专业知识。

2. 读装配图的方法和步骤

下面以图8-12所示的微动机构为例，说明读装配图的一般方法和步骤。

1）概括了解。由标题栏、明细栏，了解部件的名称、用途以及各组成零件的名称、数量、材料等。对于有些复杂的部件或机器还需查看说明书和有关技术资料，以便对部件或机器的工作原理和零件间的装配关系做深入的分析了解。

由图 8-12 中的标题栏、明细栏可知，该图所表达的是微动机构，该机构共有十二种零件。微动机构的主要作用是将旋转运动转变成导杆的直线运动。

2）分析各视图及其所表达的内容。图 8-12 所示的微动机构装配图采用以下一组视图。

① 主视图采用全剖视图，主要表示微动机构的工作原理和零件间的装配关系。

② 左视图采用半剖视图，主要表达手轮和支座的结构形状。

③ 俯视图采用 $C$—$C$ 剖视图，主要表达微动机构安装基面的形状和安装孔的情况；$B$—$B$ 剖视图表示键与导杆等的联接方式。

3）弄懂工作原理和零件间的装配关系。微动机构的工作原理：微动机构的工作过程是通过转动手轮，从而带动螺杆转动，利用螺杆和导杆间的螺纹联接关系，将旋转运动转变成导杆的直线运动。

微动机构中各零件的名称及零件间的装配关系，如图 8-12 所示。

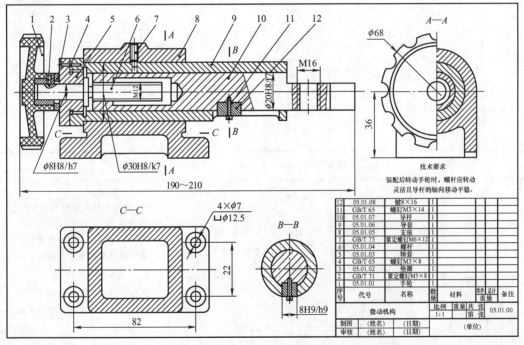

图 8-12　微动机构装配图

4）分析零件的结构形状。在弄懂部件工作原理和零件间的装配关系后，分析零件的结构形状可有助于进一步了解部件的结构特点。

分析某一零件的结构形状时，首先要在装配图中，找出反映该零件形状特征的投影轮廓。其次可按视图间的投影关系、同一零件在各剖视图中的剖面线方向、间隔，必须一致的画法规定，将该零件的相应投影从装配图中分离出来，根据分离出的投影，按形体分析和结构分析的方法，弄清零件的结构形状。

# 附　录

## 附表1　普通螺纹（GB/T 193—2003、GB/T 196—2003、GB/T 197—2003）　　（单位：mm）

标记示例：

普通粗牙螺纹，公称直径 10mm，中径公差带代号 5g，顶径公差带代号 6g，短旋合长度：M10-5g6g-s。

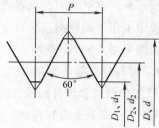

| 公称直径 $D$、$d$ | | 螺距 $P$ | | 粗牙小径 $D_1$、$d_1$ | 公称直径 $D$、$d$ | | 螺距 $P$ | | 粗牙小径 $D_1$、$d_1$ |
|---|---|---|---|---|---|---|---|---|---|
| 第一系列 | 第二系列 | 粗牙 | 细牙 | | 第一系列 | 第二系列 | 粗牙 | 细牙 | |
| 3 | | 0.5 | 0.35 | 2.459 | 20 | | 2.5 | | 17.294 |
| | 3.5 | 0.6 | | 2.850 | | 22 | 2.5 | 2,1.5,1 | 19.294 |
| 4 | | 0.7 | 0.5 | 3.242 | 24 | | 3 | | 20.752 |
| | 4.5 | 0.75 | | 3.688 | | 27 | 3 | | 23.752 |
| 5 | | 0.8 | | 4.134 | 30 | | 3.5 | (3),2,1.5,1 | 26.211 |
| 6 | | 1 | 0.75 | 4.917 | | 33 | 3.5 | (3),2,1.5 | 29.211 |
| | 7 | 1 | | 5.917 | 36 | | 4 | 3,2,1.5 | 31.670 |
| 8 | | 1.25 | 1,0.75 | 6.647 | | 39 | 4 | | 34.670 |
| 10 | | 1.5 | 1.25,1,0.75 | 8.376 | 42 | | 4.5 | | 37.129 |
| 12 | | 1.75 | 1.25,1 | 10.106 | | 45 | 4.5 | 4,3,2,1.5 | 40.129 |
| | 14 | 2 | 1.5,1.25,1 | 11.835 | 48 | | 5 | | 42.587 |
| 16 | | 2 | 1.5,1 | 13.835 | | 52 | 5 | | 46.587 |
| | 18 | 2.5 | 2,1.5,1 | 15.294 | 56 | | 5.5 | | 50.046 |

## 附表2　梯形螺纹（GB/T 5796.2～5796.4—2005）　　（单位：mm）

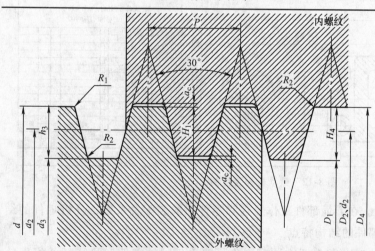

$d$—设计牙型上的外螺纹大径（公称直径）

$d_2$—设计牙型上的外螺纹中径

$d_3$—设计牙型上的外螺纹小径

$H_1$—基本牙型牙高

$H_4$—设计牙型上的内螺纹牙高

$h_3$—设计牙型上的外螺纹牙高

$P$—螺距

$a_c$—牙顶间隙

$D_4$—设计牙型上的内螺纹大径

$D_2$—设计牙型上的内螺纹中径

$D_1$—设计牙型上的内螺纹小径

标记示例：

Tr40×7-7H（单线梯形内螺纹，公称直径 $d=40$mm，螺距 $P=7$mm，右旋，中径公差带为 7H，中等旋合长度）

Tr60×18（P9）LH-8e-L（双线梯形外螺纹，公称直径 $d=60$mm，导程 $Ph=18$mm，螺距 $P=9$mm，左旋，中径公差带为 8e，长旋合长度）

（续）

梯形螺纹的公称尺寸

| 公称直径 d | | 螺距 | 中径 | 大径 | 小径 | | 公称直径 d | | 螺距 | 中径 | 大径 | 小径 | |
|---|---|---|---|---|---|---|---|---|---|---|---|---|---|
| 第一系列 | 第二系列 | $P$ | $d_2=D_2$ | $D_4$ | $d_3$ | $D_1$ | 第一系列 | 第二系列 | $P$ | $d_2=D_2$ | $D_4$ | $d_3$ | $D_1$ |
| 8 | | 1.5 | 7.25 | 8.3 | 6.2 | 6.5 | 32 | | | 29.0 | 33 | 25 | 26 |
| | 9 | | 8.0 | 9.5 | 6.5 | 7 | | 34 | 6 | 31.0 | 35 | 27 | 28 |
| 10 | | 2 | 9.0 | 10.5 | 7.5 | 8 | 36 | | | 33.0 | 37 | 29 | 30 |
| | 11 | | 10.0 | 11.5 | 8.5 | 9 | | 38 | | 34.5 | 39 | 30 | 31 |
| 12 | | 3 | 10.5 | 12.5 | 8.5 | 9 | 40 | | 7 | 36.5 | 41 | 32 | 33 |
| | 14 | | 12.5 | 14.5 | 10.5 | 11 | | 42 | | 38.5 | 43 | 34 | 35 |
| 16 | | | 14.0 | 16.5 | 11.5 | 12 | 44 | | | 40.5 | 45 | 36 | 37 |
| | 18 | 4 | 16.0 | 18.5 | 13.5 | 14 | | 46 | | 42.0 | 47 | 37 | 38 |
| 20 | | | 18.0 | 20.5 | 15.5 | 16 | 48 | | 8 | 44.0 | 49 | 39 | 40 |
| | 22 | | 19.5 | 22.5 | 16.5 | 17 | | 50 | | 46.0 | 51 | 41 | 42 |
| 24 | | 5 | 21.5 | 24.5 | 18.5 | 19 | 52 | | | 48.0 | 53 | 43 | 49 |
| | 26 | | 23.5 | 26.5 | 20.5 | 21 | | 55 | 9 | 50.5 | 56 | 45 | 46 |
| 28 | | | 25.5 | 28.5 | 22.5 | 23 | 60 | | | 55.5 | 61 | 50 | 51 |
| | 30 | 6 | 27.0 | 31.0 | 23.0 | 24 | | 65 | 10 | 60.0 | 66 | 54 | 55 |

注：1. 优先选用第一系列的直径。

2. 表中所列的螺距和直径，是优先选择的螺距及与之对应的直径。

**附表 3　55°非密封管螺纹和 55°密封管螺纹**（GB/T 7307—2001、GB/T 7306—2000）　（单位：mm）

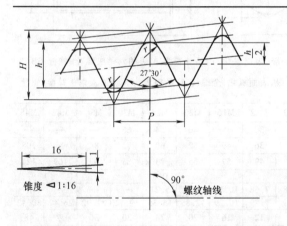

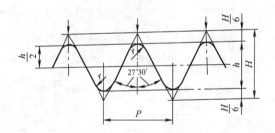

锥度 ◁ 1:16

标记示例：

$R_1 1\frac{1}{2}$（尺寸代号 $1\frac{1}{2}$，与圆柱内螺纹相配合的右旋圆锥外螺纹）

Rc 1¼ LH（尺寸代号 1¼，左旋圆锥内螺纹）

Rp2（尺寸代号 2，右旋圆柱内螺纹）

标记示例：

G1½-LH（尺寸代号 1½，左旋圆柱内螺纹）

G1¼A（尺寸代号 1¼，A 级右旋圆柱外螺纹）

G2B-LH（尺寸代号 2，B 级左旋圆柱外螺纹）

| 尺寸代号 | 大径 $d=D$ | 中径 $d_2=D_2$ | 小径 $d_1=D_1$ | 螺距 $P$ | 牙高 $h$ | 每 25.4mm 内所包含的牙数 h | 外螺纹的有效螺纹不小于（GB/T 7306—2000） | 基准距离（GB/T 7306—2000） |
|---|---|---|---|---|---|---|---|---|
| 1/16 | 7.723 | 7.142 | 6.561 | 0.907 | 0.581 | 28 | 6.5 | 4.0 |
| 1/8 | 9.728 | 9.147 | 8.566 | | | | | |
| 1/4 | 13.157 | 12.301 | 11.445 | 1.337 | 0.856 | 19 | 9.7 | 6.0 |
| 3/8 | 16.662 | 15.806 | 14.950 | | | | 10.1 | 6.4 |
| 1/2 | 20.955 | 19.793 | 18.631 | 1.814 | 1.162 | 14 | 13.2 | 8.2 |
| 3/4 | 26.441 | 25.279 | 24.117 | | | | 14.5 | 9.5 |

（续）

| 尺寸代号 | 大径 $d=D$ | 中径 $d_2=D_2$ | 小径 $d_1=D_1$ | 螺距 $P$ | 牙高 $h$ | 每25.4mm内所包含的牙数 $h$ | 外螺纹的有效螺纹不小于（GB/T 7306—2000） | 基准距离（GB/T 7306—2000） |
|---|---|---|---|---|---|---|---|---|
| 1 | 33.249 | 31.770 | 30.291 | | | | 16.8 | 10.4 |
| 1¼ | 41.910 | 40.431 | 38.952 | | | | 19.1 | 12.7 |
| 1½ | 47.803 | 46.324 | 44.845 | | | | | |
| 2 | 59.614 | 58.135 | 56.656 | | | | 23.4 | 15.9 |
| 2½ | 75.184 | 73.705 | 72.226 | 2.309 | 1.479 | 11 | 26.7 | 17.5 |
| 3 | 87.884 | 86.405 | 84.926 | | | | 29.8 | 20.6 |
| 4 | 113.030 | 111.551 | 110.072 | | | | 35.8 | 25.4 |
| 5 | 138.430 | 136.951 | 135.472 | | | | 40.1 | 28.6 |
| 6 | 163.830 | 162.351 | 160.872 | | | | | |

**附表 4　六角头螺栓（GB/T 5782～5783—2000）**　　　　（单位：mm）

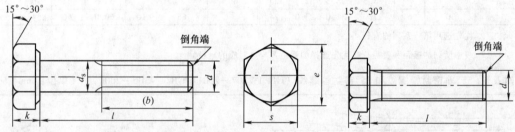

标记示例：

螺纹规格 $d$ = M12、公称长度 $l$ = 80mm，性能等级为 8.8 级，表面氧化，产品等级为 A 级的六角头螺栓：螺栓 GB/T 5782 M12×80。

螺纹规格 $d$ = M12，公称长度 $l$ = 80mm，性能等级为 4.8 级，表面氧化，全螺纹，产品等级为 A 级的六角头螺栓：螺栓 GB/T 5783 M12×80。

| 螺纹规格 $d$ | | M4 | M5 | M6 | M8 | M10 | M12 | M16 | M20 | M24 | M30 | M36 | M42 | M48 |
|---|---|---|---|---|---|---|---|---|---|---|---|---|---|---|
| $b$（参考） | $l \leqslant 125$ | 14 | 16 | 18 | 22 | 26 | 30 | 38 | 46 | 54 | 66 | — | — | — |
| | $125 < l \leqslant 200$ | 20 | 22 | 24 | 28 | 32 | 36 | 49 | 52 | 60 | 72 | 84 | 96 | 108 |
| | $l > 200$ | 33 | 35 | 37 | 41 | 45 | 49 | 57 | 65 | 73 | 85 | 97 | 109 | 121 |
| $c$　max | | 0.4 | 0.5 | | | 0.6 | | | | 0.8 | | | | 1 |
| $k$　max | A | 2.925 | 3.65 | 4.15 | 5.45 | 6.58 | 7.68 | 10.18 | 12.715 | 15.215 | — | — | — | — |
| | B | 3 | 3.74[①] | 4.24 | 5.54 | 6.69 | 7.79 | 10.29 | 12.85 | 15.35 | 19.12 | 22.92 | 26.42 | 30.42 |
| $d_s$　max | | 4 | 5 | 6 | 8 | 10 | 12 | 16 | 20 | 24 | 30 | 36 | 42 | 48 |
| $s$　max | | 7 | 8 | 10 | 13 | 16 | 18 | 24 | 30 | 36 | 45 | 55 | 65 | 75 |
| $e$　min | A | 7.66 | 8.79 | 11.05 | 14.38 | 17.77 | 20.03 | 26.75 | 33.53 | 39.98 | — | — | — | — |
| | B | 7.50 | 8.63 | 10.89 | 14.2 | 12.59 | 19.85 | 26.17 | 32.95 | 39.55 | 50.85 | 60.79 | 71.3 | 82.6 |
| $d_w$　min | A | 5.88 | 6.88 | 8.88 | 11.63 | 14.63 | 16.63 | 22.49 | 28.19 | 33.61 | — | — | — | — |
| | B | 5.74 | 6.74 | 8.74 | 11.47 | 14.47 | 16.47 | 22 | 27.7 | 33.25 | 42.75 | 51.11 | 59.95 | 69.45 |
| $l$（范围） | GB/T 5782 | 25～40 | 25～50 | 30～60 | 40～80 | 45～100 | 50～120 | 65～160 | 80～200 | 90～240 | 110～300 | 140～360 | 160～440 | 180～480 |
| | GB/T 5783 | 8～40 | 10～50 | 12～60 | 16～80 | 20～100 | 25～120 | 30～150 | 40～150 | 50～150 | 60～200 | 70～200 | 80～200 | 100～200 |
| $l$（系列） | GB/T 5782 | 20～65（5 进位），70～160（10 进位），180～500（20 进位） | | | | | | | | | | | | |
| | GB/T 5783 | 8，10，12，16，20～65（5 进位），70～160（10 进位），180，200 | | | | | | | | | | | | |

注：1. $P$——螺距。末端应倒角，对螺纹规格 $d \leqslant$ M4 为辗制末端（GB/T 2）。

　　2. 螺纹公差带 6g。

　　3. 产品等级：A 级用于 $d$ = 1.6～24mm 和 $l \leqslant 10d$ 或 $l \leqslant 150$mm（按较小值），B 级用于 $d > 24$mm 或 $l > 10d$ 或 $l >$ 150mm（按较小值）的螺栓。

① GB/T 5782—2000 中为 3.26mm。

附表 5　双头螺柱（GB/T 897～900—1988）　　　　　　　　（单位：mm）

$b_m = 1d$（GB/T 897—1988）　　$b_m = 1.25d$（GB/T 898—1988）　　$b_m = 1.5d$（GB/T 899—1988）　　$b_m = 2d$（GB/T 900—1988）

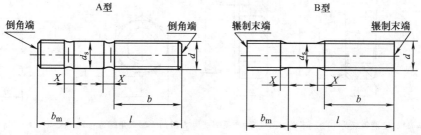

标记示例：

两端均为粗牙普通螺纹，$d = 10$mm、$l = 50$mm，性能等级为 4.8 级，不经表面处理，B 型，$b_m = 1d$ 的双头螺柱：螺柱 GB/T 897　M10×50。

旋入一端为粗牙普通螺纹，旋螺母一端为螺距 $P = 1$mm 的细牙普通螺纹 $d = 10$mm，$l = 50$mm，性能等级为 4.8 级，不经表面处理，A 型，$b_m = 1d$ 的双头螺柱：螺柱　GB/T 897　AM10-M10×1×50。

旋入一端为过渡配合的第一种配合，旋螺母一端为粗牙普通螺纹，$d = 10$mm，$l = 50$mm，性能等级为 8.8 级，镀锌钝化，B 型，$b_m = 1d$ 的双头螺柱：螺柱　GB/T 897　GM10-M10×50-8.8-Zn·D。

| 螺纹规格 $d$ | | M5 | M6 | M8 | M10 | M12 | M16 | M20 | M24 | M30 | M36 | M42 | M48 |
|---|---|---|---|---|---|---|---|---|---|---|---|---|---|
| $b_m$ | GB/T 897 | 5 | 6 | 8 | 10 | 12 | 16 | 20 | 24 | 30 | 36 | 42 | 48 |
| | GB/T 898 | 6 | 8 | 10 | 12 | 15 | 20 | 25 | 30 | 38 | 45 | 52 | 60 |
| | GB/T 899 | 8 | 10 | 12 | 15 | 18 | 24 | 30 | 36 | 45 | 54 | 63 | 72 |
| | GB/T 900 | 10 | 12 | 16 | 20 | 24 | 32 | 40 | 48 | 60 | 72 | 84 | 96 |
| $d_s$ | | 5 | 6 | 8 | 10 | 12 | 16 | 20 | 24 | 30 | 36 | 42 | 48 |
| $x$ | | | | | | | 2.5P | | | | | | |
| $\dfrac{l}{b}$ | | $\dfrac{16\sim22}{10}$ | $\dfrac{20\sim22}{10}$ | $\dfrac{20\sim22}{12}$ | $\dfrac{25\sim28}{14}$ | $\dfrac{25\sim30}{16}$ | $\dfrac{30\sim38}{20}$ | $\dfrac{35\sim40}{25}$ | $\dfrac{45\sim50}{30}$ | $\dfrac{60\sim65}{40}$ | $\dfrac{65\sim75}{45}$ | $\dfrac{70\sim80}{50}$ | $\dfrac{80\sim90}{60}$ |
| | | $\dfrac{25\sim50}{16}$ | $\dfrac{25\sim30}{14}$ | $\dfrac{25\sim30}{16}$ | $\dfrac{30\sim38}{16}$ | $\dfrac{32\sim40}{20}$ | $\dfrac{40\sim55}{30}$ | $\dfrac{45\sim65}{35}$ | $\dfrac{55\sim75}{45}$ | $\dfrac{70\sim90}{50}$ | $\dfrac{80\sim110}{60}$ | $\dfrac{85\sim110}{70}$ | $\dfrac{95\sim110}{80}$ |
| | | | $\dfrac{32\sim75}{18}$ | $\dfrac{32\sim90}{22}$ | $\dfrac{40\sim120}{26}$ | $\dfrac{45\sim120}{30}$ | $\dfrac{60\sim120}{38}$ | $\dfrac{70\sim120}{46}$ | $\dfrac{80\sim120}{54}$ | $\dfrac{95\sim120}{66}$ | $\dfrac{120}{78}$ | $\dfrac{120}{90}$ | $\dfrac{120}{102}$ |
| | | | | | $\dfrac{130}{32}$ | $\dfrac{130\sim180}{36}$ | $\dfrac{130\sim200}{44}$ | $\dfrac{130\sim200}{52}$ | $\dfrac{130\sim200}{60}$ | $\dfrac{130\sim200}{72}$ | $\dfrac{130\sim200}{84}$ | $\dfrac{130\sim200}{96}$ | $\dfrac{130\sim200}{108}$ |
| | | | | | | | | | | $\dfrac{210\sim250}{85}$ | $\dfrac{210\sim300}{97}$ | $\dfrac{210\sim300}{109}$ | $\dfrac{210\sim300}{121}$ |
| $l$（系列） | | 16,(18),20,(22),25,(28),30,(32),35,(38),40,45,50,(55),60,(65),70,(75),80,(85),90,(95),100,110,120,130,140,150,160,170,180,190,200,210,220,230,240,250,260,280,300 | | | | | | | | | | | |

注：1. 括号内的规格尽可能不采用。

　　2. $P$ 为螺距。

　　3. $d \approx$ 螺纹中径（仅适用于 B 型）。

### 附表6　六角螺母（GB/T 6170—2000、GB/T 41—2000）　（单位：mm）

1 型六角螺母（GB/T 6170—2000）　　六角螺母　C 级（GB/T 41—2000）

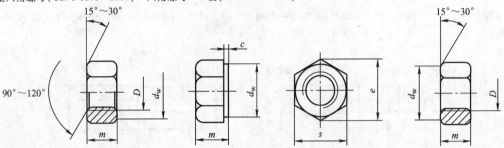

标记示例:

螺纹规格 $D$ = M12、性能等级为 10 级、不经表面处理,产品等级为 A 级的 1 型六角螺母:

螺母　GB/T 6170　M12

螺纹规格 $D$ = M12、性能等级为 5 级、不经表面处理、产品等级为 C 级的六角螺母:

螺母　GB/T 41　M12

| 螺纹规格 $D$ | | M4 | M5 | M6 | M8 | M10 | M12 | M16 | M20 | M24 | M30 | M36 | M42 | M48 |
|---|---|---|---|---|---|---|---|---|---|---|---|---|---|---|
| $c$ max | | 0.4 | 0.5 | | 0.6 | | | | 0.8 | | | | 1 | |
| $f$ 公称 = max | | 7 | 8 | 10 | 13 | 16 | 18 | 24 | 30 | 36 | 46 | 55 | 65 | 75 |
| $e$ min | A,B 级 | 7.66 | 8.79 | 11.05 | 14.38 | 17.77 | 20.03 | 26.75 | 32.95 | 39.55 | 50.85 | 60.79 | 71.3 | 82.6 |
| | C 级 | — | 8.63 | 10.89 | 14.2 | 17.59 | 19.85 | 26.17 | 32.95 | 39.55 | 50.85 | 60.79 | 71.3 | 82.6 |
| $m$ max | A,B 级 | 3.2 | 4.7 | 5.2 | 6.8 | 8.4 | 10.8 | 14.8 | 18 | 21.5 | 25.6 | 31 | 34 | 38 |
| | C 级 | — | 5.6 | 6.4 | 7.9 | 9.5 | 12.2 | 15.9 | 19.0 | 22.3 | 26.4 | 31.9 | 34.9 | 38.9 |
| $d_w$ min | A,B 级 | 5.9 | 6.9 | 8.9 | 11.6 | 14.6 | 16.6 | 22.5 | 27.7 | 33.3 | 42.8 | 51.1 | 60 | 69.5 |
| | C 级 | — | 6.7 | 8.7 | 11.5 | 14.5 | 16.5 | 22 | 27.7 | 33.3 | 42.8 | 51.1 | 60 | 69.5 |

注: 1. A 级用于 $D \leqslant 16$mm 的 1 型六角螺母;B 级用于 $D > 16$mm 的 1 型六角螺母;C 级用于螺纹规格为 M5 ~ M64、性能等级为 4 和 5 级的六角螺母。

　　2. 螺纹公差:A、B 级为 6H,C 级为 7H。性能等级:A、B 级为 6、8、10 级（钢）、A2-50、A2-70、A4-50、A4-70 级（不锈钢）、CV2、CV3 和 AL4 级（有色金属）;C 级为 4 和 5 级。

### 附表7　平垫圈（GB/T 97.1 ~ 97.2—2002）　（单位：mm）

平垫圈　A 级（GB/T 97.1—2002）　　　平垫圈　倒角型　A 级（GB/T 97.2—2002）

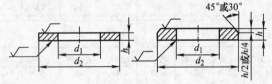

标记示例:标准系列、公称规格 $d$ = 8mm、由钢制造的硬度等级为 200HV 级,不经表面处理,产品等级为 A 级的平垫圈:

垫圈　GB/T 97.1　8

| 公称规格 | 内径 $d_1$ | | 外径 $d_2$ | | 厚度 $h$ | | |
|---|---|---|---|---|---|---|---|
| （螺纹大径 $d$） | 公称（min） | max | 公称（max） | min | 公称 | max | min |
| 1.6 | 1.7 | 1.84 | 4 | 3.7 | 0.3 | 0.35 | 0.25 |
| 2 | 2.2 | 2.34 | 5 | 4.7 | 0.3 | 0.35 | 0.25 |
| 2.5 | 2.7 | 2.84 | 6 | 5.7 | 0.5 | 0.55 | 0.45 |
| 3 | 3.2 | 3.38 | 7 | 6.64 | 0.5 | 0.55 | 0.45 |
| 4 | 4.3 | 4.48 | 9 | 8.64 | 0.8 | 0.9 | 0.7 |
| 5 | 5.3 | 5.48 | 10 | 9.64 | 1 | 1.1 | 0.9 |
| 6 | 6.4 | 6.62 | 12 | 11.57 | 1.6 | 1.8 | 1.4 |
| 8 | 8.4 | 8.62 | 16 | 15.57 | 1.6 | 1.8 | 1.4 |

（续）

| 公称规格 | 内径 $d_1$ | | 外径 $d_2$ | | 厚度 $h$ | | |
|---|---|---|---|---|---|---|---|
| （螺纹大径 $d$） | 公称（min） | max | 公称（max） | min | 公称 | max | min |
| 10 | 10.5 | 10.77 | 20 | 19.48 | 2 | 2.2 | 1.8 |
| 12 | 13 | 13.27 | 24 | 23.48 | 2.5 | 2.7 | 2.3 |
| 16 | 17 | 17.27 | 30 | 29.48 | 3 | 3.3 | 2.7 |
| 20 | 21 | 21.33 | 37 | 36.38 | 3 | 3.3 | 2.7 |
| 24 | 25 | 25.33 | 44 | 43.38 | 4 | 4.3 | 3.7 |
| 30 | 31 | 31.39 | 56 | 55.26 | 4 | 4.3 | 3.7 |
| 36 | 37 | 37.62 | 66 | 64.8 | 5 | 5.6 | 4.4 |
| 42 | 45 | 45.62 | 78 | 76.8 | 8 | 9 | 7 |
| 48 | 52 | 52.74 | 92 | 90.6 | 8 | 9 | 7 |
| 56 | 62 | 62.74 | 105 | 103.6 | 10 | 11 | 9 |
| 64 | 72 | 70.74 | 115 | 113.6 | 10 | 11 | 9 |

注：平垫圈 倒角型 A 级（GB/T 97.2—2002）用于螺纹规格为 M5 ~ M64。

**附表 8 螺钉**（GB/T 65—2000、GB/T 67—2008） （单位：mm）

1. 开槽圆柱头螺钉（GB/T 65—2000）

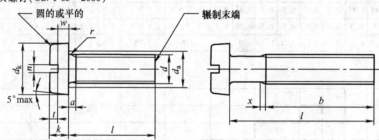

无螺纹部分杆径约等于螺纹中径或允许等于螺纹大径

标记示例：

螺纹规格 $d$ = M5、公称长度 $l$ = 20mm，性能等级为 4.8 级，不经表面处理的 A 级开槽圆柱头螺钉：

螺钉 GB/T 65 M5×20

2. 开槽盘头螺钉（GB/T 67—2008）

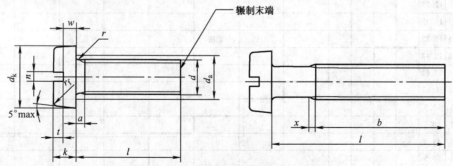

无螺纹部分杆径约等于中径或允许等于螺纹大径

标记示例：

螺纹规格 $d$ = M5、公称长度 $l$ = 20mm，性能等级为 4.8 级、不经表面处理的 A 级开槽盘头螺钉：

螺钉 GB/T 67 M5×20

（续）

| 螺纹规格 d | M1.6 | | M2 | | M2.5 | | M3 | | (M3.5) | | M4 | | M5 | | M6 | | M8 | | M10 |
|---|---|---|---|---|---|---|---|---|---|---|---|---|---|---|---|---|---|---|---|
| 类别 | GB/T 65 | GB/T 67 | GB/T 65 | GB/T 67 | GB/T 65 | GB/T 67 | GB/T 65 | GB/T 67 | GB/T 65 | GB/T 67 | GB/T 65 | GB/T 67 | GB/T 65 | GB/T 67 | GB/T 65 | GB/T 67 | GB/T 65 | GB/T 67 | GB/T 67 |
| $P$ | 0.35 | | 0.4 | | 0.45 | | 0.5 | | 0.6 | | 0.7 | | 0.8 | | 1 | | 1.25 | | 1.5 |
| $a$ max | 0.7 | | 0.8 | | 0.9 | | 1 | | 1.2 | | 1.4 | | 1.6 | | 2 | | 2.5 | | 3 |
| $b$ min | 25 | | 25 | | 25 | | 25 | | 38 | | 38 | | 38 | | 38 | | 38 | | 38 |
| $d_k$ 公称=max | 3.00 | 3.2 | 3.80 | 4.0 | 4.50 | 5.0 | 5.50 | 5.6 | 6.00 | 7.00 | 7 | 8 | 8.5 | 9.5 | 10 | 12 | 13 | 16 | 16 | 20 |
| $d_k$ min | 2.86 | 2.9 | 3.62 | 3.7 | 4.32 | 4.7 | 5.32 | 5.3 | 5.82 | 6.64 | 6.78 | 7.64 | 8.28 | 9.14 | 9.78 | 11.50 | 12.73 | 15.57 | 15.73 | 19.48 |
| $d_a$ max | 2 | | 2.6 | | 3.1 | | 3.6 | | 4.1 | | 4.7 | | 5.7 | | 6.8 | | 9.2 | | 11.2 |
| $k$ 公称=max | 1.10 | 1.00 | 1.40 | 1.30 | 1.80 | 1.50 | 2.00 | 1.80 | 2.40 | 2.10 | 2.6 | 2.40 | 3.30 | 3.00 | 3.9 | 3.6 | 5 | 4.8 | 6 |
| $k$ min | 0.96 | 0.86 | 1.26 | 1.16 | 1.66 | 1.30 | 1.86 | 1.66 | 2.26 | 1.96 | 2.46 | 2.26 | 3.12 | 2.86 | 3.6 | 3.3 | 4.7 | 4.5 | 5.7 |
| $h$ 公称 | 0.4 | | 0.5 | | 0.6 | | 0.8 | | 1 | | 1.2 | | 1.2 | | 1.6 | | 2 | | 2.5 |
| $h$ min | 0.46 | | 0.56 | | 0.66 | | 0.86 | | 1.06 | | 1.26 | | 1.26 | | 1.66 | | 2.06 | | 2.56 |
| $h$ max | 0.60 | | 0.70 | | 0.80 | | 1.00 | | 1.20 | | 1.51 | | 1.51 | | 1.91 | | 2.31 | | 2.81 |
| $r$ min | 0.1 | | 0.1 | | 0.1 | | 0.1 | | 0.1 | | 0.2 | | 0.2 | | 0.25 | | 0.4 | | 0.4 |
| $r_f$ 参考 | — | 0.5 | — | 0.6 | — | 0.8 | — | 0.9 | — | 1 | — | 1.2 | — | 1.5 | — | 1.8 | — | 2.4 | 3 |
| $t$ min | 0.45 | 0.35 | 0.6 | 0.5 | 0.7 | 0.6 | 0.85 | 0.7 | 1 | 0.8 | 1.1 | 1 | 1.3 | 1.2 | 1.6 | 1.4 | 2 | 1.9 | 2.4 |
| $w$ min | 0.4 | 0.3 | 0.5 | 0.4 | 0.7 | 0.5 | 0.75 | 0.7 | 1 | 0.8 | 1.1 | 1 | 1.3 | 1.2 | 1.6 | 1.4 | 2 | 1.9 | 2.4 |
| $x$ max | 0.9 | | 1 | | 1.1 | | 1.25 | | 1.5 | | 1.75 | | 2 | | 2.5 | | 3.2 | | 3.8 |

| $l$ 公称 | min | max |
|---|---|---|
| 2 | 1.8 | 2.2 |
| 2.5 | 2.3 | 2.7 |
| 3 | 2.8 | 3.2 |
| 4 | 3.76 | 4.24 |
| 5 | 4.76 | 5.24 |
| 6 | 5.76 | 6.24 |
| 8 | 7.71 | 8.29 |
| 10 | 9.71 | 10.29 |
| 12 | 11.65 | 12.35 |
| (14) | 13.65 | 14.35 |
| 16 | 15.65 | 16.35 |
| 20 | 19.58 | 20.42 |
| 25 | 24.58 | 25.42 |
| 30 | 29.58 | 30.42 |
| 35 | 34.5 | 35.5 |
| 40 | 39.5 | 40.5 |
| 45 | 44.5 | 45.5 |
| 50 | 49.5 | 50.5 |
| (55) | 54.05 | 55.95 |
| 60 | 59.05 | 60.95 |

（图中标注：商品　规格　范围）

注：1. 尽可能不采用括号内的规格。

2. $P$——螺距。

3. 公称长度在阶梯虚线以上的螺钉，制出全螺纹（$b = l - a$）。

4. 开槽圆柱头螺钉（GB/T 65）无公称长度 $l = 2.5\,\text{mm}$ 规格。

## 附表9 圆锥销（GB/T 117—2000）　（单位：mm）

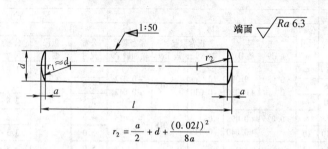

$$r_2 = \frac{a}{2} + d + \frac{(0.02l)^2}{8a}$$

标记示例：

公称直径 $d = 10mm$、公称长度 $l = 60mm$、材料35钢、热处理硬度28～38HRC、表面氧化处理的A型圆锥销：

销　GB/T 117　10×60

| $d$ 公称 | 2 | 2.5 | 3 | 4 | 5 | 6 | 8 | 10 | 12 | 16 | 20 |
|---|---|---|---|---|---|---|---|---|---|---|---|
| $a \approx$ | 0.25 | 0.3 | 0.4 | 0.5 | 0.63 | 0.8 | 1 | 1.2 | 1.6 | 2 | 2.5 |
| $l$(商品范围) | 10～35 | | 12～45 | 14～55 | 18～60 | 22～90 | 22～120 | 26～160 | 32～180 | 40～200 | 45～200 |
| $l$(系列) | 10,12,14,16,18,20,22,24,26,28,30,32,35,40,45,50,55,60,65,70,75,80,85,90,95,100,120,140,160,180,200 | | | | | | | | | | |

注：1. 公称直径 $d$ 的公差规定为h10，其他公差如a11、c11和f8由供需双方协议。

2. 圆锥销有A型和B型。A型为磨削，锥面 $Ra = 0.8\mu m$；B型为切削或冷镦，锥面 $Ra = 3.2\mu m$。

3. 公称长度 $l$ 大于200mm，按20mm递增。

## 附表10　平键及键槽各部分尺寸（GB/T 1095～1096—2003）　（单位：mm）

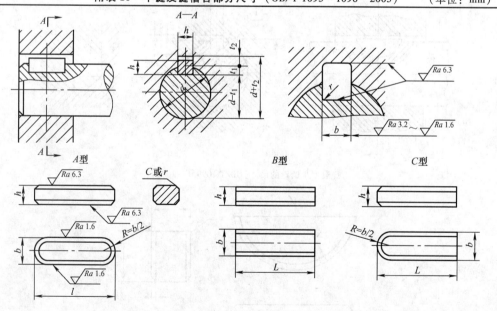

标记示例：

键　16×10×100　GB/T 1096—2003　（普通A型平键，$b = 16mm$、$h = 10mm$、$L = 100mm$）

键　B16×10×100　GB/T 1096—2003　（普通B型平键，$b = 16mm$、$h = 10mm$、$L = 100mm$）

键　C16×10×100　GB/T 1096—2003　（普通C型平键，$b = 16mm$、$h = 10mm$、$L = 100mm$）

（续）

| 轴 | 键 | | | 键　槽 | | | | | | | | |
|---|---|---|---|---|---|---|---|---|---|---|---|---|
| 轴径 d | 公称尺寸 $b \times h$ | 长度 L | 宽　度 b | | | | | 深　度 | | | | 半　径 r |
| | | | 公称尺寸 b | 极　限　偏　差 | | | | 轴 $t_1$ | | 毂 $t_2$ | | |
| | | | | 松联接 | | 正常联接 | | 紧密联接 | 公称尺寸 | 极限偏差 | 公称尺寸 | 极限偏差 | 最大 | 最小 |
| | | | | 轴 H9 | 毂 D10 | 轴 N9 | 毂 JS9 | 轴和毂 P9 | | | | | | |
| >10~12 | 4×4 | 8~45 | 4 | +0.030 0 | +0.078 +0.030 | 0 -0.030 | ±0.015 | -0.012 -0.042 | 2.5 | +0.1 0 | 1.8 | +0.1 0 | 0.08 | 0.16 |
| >12~17 | 5×5 | 10~56 | 5 | | | | | | 3.0 | | 2.3 | | | |
| >17~22 | 6×6 | 14~70 | 6 | | | | | | 3.5 | | 2.8 | | 0.16 | 0.25 |
| >22~30 | 8×7 | 18~90 | 8 | +0.036 0 | +0.098 +0.040 | 0 -0.036 | ±0.018 | -0.015 -0.051 | 4.0 | | 3.3 | | | |
| >30~38 | 10×8 | 22~110 | 10 | | | | | | 5.0 | | 3.3 | | | |
| >38~44 | 12×8 | 28~140 | 12 | +0.043 0 | +0.120 +0.050 | 0 -0.043 | ±0.022 | -0.018 -0.061 | 5.0 | | 3.3 | | | |
| >44~50 | 14×9 | 36~160 | 14 | | | | | | 5.5 | | 3.8 | | 0.25 | 0.40 |
| >50~58 | 16×10 | 45~180 | 16 | | | | | | 6.0 | +0.2 0 | 4.3 | +0.2 0 | | |
| >58~65 | 18×11 | 50~200 | 18 | | | | | | 7.0 | | 4.4 | | | |
| >65~75 | 20×12 | 56~220 | 20 | +0.052 0 | +0.149 +0.065 | 0 -0.052 | ±0.026 | -0.022 -0.074 | 7.5 | | 4.9 | | | |
| >75~85 | 22×14 | 63~250 | 22 | | | | | | 9.0 | | 5.4 | | 0.40 | 0.60 |
| >85~95 | 25×14 | 70~280 | 25 | | | | | | 9.0 | | 5.4 | | | |
| >95~110 | 28×16 | 80~320 | 28 | | | | | | 10 | | 6.4 | | | |

注：1.（$d-t_1$）和（$d+t_2$）两个组合尺寸的极限偏差，按相应的 $t_1$ 和 $t_2$ 的极限偏差选取，但（$d-t_1$）极限偏差应取负号（-）。

2. L系列：6~22（2进位）、25、28、32、36、40、45、50、56、63、70、80、90、100、110、125、140、160、180、200、220、250、280、320、360、400、450、500。

3. 宽度 b 的极限偏差为 h8；高度 h 的极限偏差，矩形为 h11，方形为 h8；长度 L 的极限偏差为 h14。

### 附表 11　半圆键（GB/T 1098—2003、GB/T 1099.1—2003）　　（单位：mm）

半圆键键槽的剖面尺寸（GB/T 1098—2003）

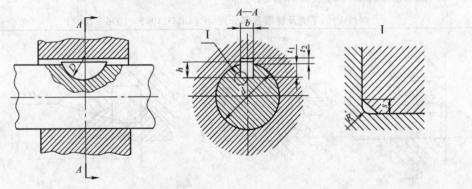

普通型半圆键的尺寸（GB/T 1099.1—2003）

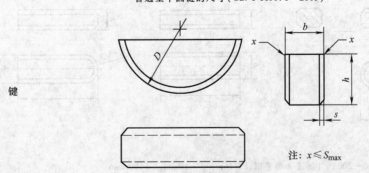

键

注：$x \leqslant S_{max}$

标记示例：

GB/T 1099.1×10×100（普通型半圆键，$b=6mm$，$h=10mm$，$D=25mm$）

（续）

| 轴径 d | | 键的公称尺寸 | 键槽 | | | | | | | | | |
|---|---|---|---|---|---|---|---|---|---|---|---|---|
| 传递转矩用 | 定位用 | b×h×D | 倒角或倒圆 s | 宽度 b | | | | | 深度 | | | 半径 R |
| | | | | 极限偏差 | | | | | 轴 t1 | | 毂 t2 | |
| | | | | 正常联接 | | 紧密联接 | 松联接 | | 公称尺寸 | 极限偏差 | 公称尺寸 | 极限偏差 | |
| | | | | 轴 N9 | 毂 JS9 | 轴和毂 P9 | 轴 H9 | 毂 D10 | | | | | |
| >8~10 | >12~15 | 3×5×13 | 0.16~0.25 | −0.004 −0.029 | ±0.012 | −0.006 −0.031 | +0.025 0 | +0.060 +0.020 | 3.8 | | 1.4 | | 0.08~0.16 |
| >10~12 | >15~18 | 3×6.5×16 | | | | | | | 5.3 | | | | |
| >12~14 | >18~20 | 4×6.5×16 | 0.25~0.4 | 0 −0.030 | ±0.015 | −0.012 −0.042 | +0.030 0 | +0.078 +0.030 | 5 | +0.2 0 | 1.8 | +0.1 0 | 0.16~0.25 |
| >14~16 | >20~22 | 4×7.5×19 | | | | | | | 6 | | | | |
| >16~18 | >22~25 | 5×6.5×16 | | | | | | | 4.5 | | 2.3 | | |
| >18~20 | >25~28 | 5×7.5×19 | | | | | | | 5.5 | | | | |
| >20~22 | >28~32 | 5×9×22 | | | | | | | 7 | | | | |
| >22~25 | >32~36 | 6×9×22 | | | | | | | 6.5 | | 2.8 | | |
| >25~28 | >36~40 | 6×10×25 | | | | | | | 7.5 | +0.3 0 | | +0.2 0 | |
| >28~32 | 40 | 8×11×28 | 0.4~0.6 | 0 −0.036 | ±0.018 | −0.015 −0.051 | +0.036 0 | +0.098 +0.040 | 8 | | 3.3 | | 0.25~0.4 |
| >32~38 | — | 10×13×32 | | | | | | | 10 | | | | |

**附表 12　深沟球轴承**（GB/T 276—1994）　　　　（单位：mm）

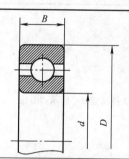

类型代号　6

代号示例：
尺寸系列代号为(02)、内径代号为06的深沟球轴承：6206

| 轴承代号 | 外形尺寸 | | | 轴承代号 | 外形尺寸 | | |
|---|---|---|---|---|---|---|---|
| | d | D | B | | d | D | B |
| 10 系列 6004 | 20 | 42 | 12 | 02 系列 6204 | 20 | 47 | 14 |
| 6005 | 25 | 47 | 12 | 6205 | 25 | 52 | 15 |
| 6006 | 30 | 55 | 13 | 6206 | 30 | 62 | 16 |
| 6007 | 35 | 62 | 14 | 6207 | 35 | 72 | 17 |
| 6008 | 40 | 68 | 15 | 6208 | 40 | 80 | 18 |
| 6009 | 45 | 75 | 16 | 6209 | 45 | 85 | 19 |
| 6010 | 50 | 80 | 16 | 6210 | 50 | 90 | 20 |
| 6011 | 55 | 90 | 18 | 6211 | 55 | 100 | 21 |
| 6012 | 60 | 95 | 18 | 6212 | 60 | 110 | 22 |
| 6013 | 65 | 100 | 18 | 6213 | 65 | 120 | 23 |
| 6014 | 70 | 110 | 20 | 6214 | 70 | 125 | 24 |
| 6015 | 75 | 115 | 20 | 6215 | 75 | 130 | 25 |
| 6016 | 80 | 125 | 22 | 6216 | 80 | 140 | 26 |
| 6017 | 85 | 130 | 22 | 6217 | 85 | 150 | 28 |
| 6018 | 90 | 140 | 24 | 6218 | 90 | 160 | 30 |
| 6019 | 95 | 145 | 24 | 6219 | 95 | 170 | 32 |
| 6020 | 100 | 150 | 24 | 6220 | 100 | 180 | 34 |

（续）

| 轴承代号 | | 外形尺寸 | | | 轴承代号 | | 外形尺寸 | | |
|---|---|---|---|---|---|---|---|---|---|
| | | $d$ | $D$ | $B$ | | | $d$ | $D$ | $B$ |
| 03系列 | 6304 | 20 | 52 | 15 | 04系列 | 6404 | 20 | 72 | 19 |
| | 6305 | 25 | 62 | 17 | | 6405 | 25 | 80 | 21 |
| | 6306 | 30 | 72 | 19 | | 6406 | 30 | 90 | 23 |
| | 6307 | 35 | 80 | 21 | | 6407 | 35 | 100 | 25 |
| | 6308 | 40 | 90 | 23 | | 6408 | 40 | 110 | 27 |
| | 6309 | 45 | 100 | 25 | | 6409 | 45 | 120 | 29 |
| | 6310 | 50 | 110 | 27 | | 6410 | 50 | 130 | 31 |
| | 6311 | 55 | 120 | 29 | | 6411 | 55 | 140 | 33 |
| | 6312 | 60 | 130 | 31 | | 6412 | 60 | 150 | 35 |
| | 6313 | 65 | 140 | 33 | | 6413 | 65 | 160 | 37 |
| | 6314 | 70 | 150 | 35 | | 6414 | 70 | 180 | 42 |
| | 6315 | 75 | 160 | 37 | | 6415 | 75 | 190 | 45 |
| | 6316 | 80 | 170 | 39 | | 6416 | 80 | 200 | 48 |
| | 6317 | 85 | 180 | 41 | | 6417 | 85 | 210 | 52 |
| | 6318 | 90 | 190 | 43 | | 6418 | 90 | 225 | 54 |
| | 6319 | 95 | 200 | 45 | | 6419 | 95 | 240 | 55 |
| | 6320 | 100 | 215 | 47 | | 6420 | 100 | 250 | 58 |

**附表 13　圆锥滚子轴承（GB/T 297—1994）　　（单位：mm）**

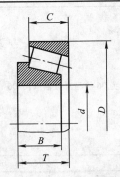

类型代号　　代号示例：

3　　尺寸系列代号为 03、内径代号为 12 的圆锥滚子轴承：30312。

| 轴承代号 | | 外形尺寸 | | | | | 轴承代号 | | 外形尺寸 | | | | |
|---|---|---|---|---|---|---|---|---|---|---|---|---|---|
| | | $d$ | $D$ | $T$ | $B$ | $C$ | | | $d$ | $D$ | $T$ | $B$ | $C$ |
| 02系列 | 30204 | 20 | 47 | 15.25 | 14 | 12 | 03系列 | 30304 | 20 | 52 | 16.25 | 15 | 13 |
| | 30205 | 25 | 52 | 16.25 | 15 | 13 | | 30305 | 25 | 62 | 18.25 | 17 | 15 |
| | 30206 | 30 | 62 | 17.25 | 16 | 14 | | 30306 | 30 | 72 | 20.75 | 19 | 16 |
| | 30207 | 35 | 72 | 18.25 | 17 | 15 | | 30307 | 35 | 80 | 22.75 | 21 | 18 |
| | 30208 | 40 | 80 | 19.75 | 18 | 16 | | 30308 | 40 | 90 | 25.25 | 23 | 20 |
| | 30209 | 45 | 85 | 20.75 | 19 | 16 | | 30309 | 45 | 100 | 27.25 | 25 | 22 |
| | 30210 | 50 | 90 | 21.75 | 20 | 17 | | 30310 | 50 | 110 | 29.25 | 27 | 23 |
| | 30211 | 55 | 100 | 22.75 | 21 | 18 | | 30311 | 55 | 120 | 31.50 | 29 | 25 |
| | 30212 | 60 | 110 | 23.75 | 22 | 19 | | 30312 | 60 | 130 | 33.50 | 31 | 26 |
| | 30213 | 65 | 120 | 24.75 | 23 | 20 | | 30313 | 65 | 140 | 36 | 33 | 28 |
| | 30214 | 70 | 125 | 26.25 | 24 | 21 | | 30314 | 70 | 150 | 38 | 35 | 30 |
| | 30215 | 75 | 130 | 27.25 | 25 | 22 | | 30315 | 75 | 160 | 40 | 37 | 31 |
| | 30216 | 80 | 140 | 28.25 | 26 | 22 | | 30316 | 80 | 170 | 42.50 | 39 | 33 |
| | 30217 | 85 | 150 | 30.50 | 28 | 24 | | 30317 | 85 | 180 | 44.50 | 41 | 34 |
| | 30218 | 90 | 160 | 32.50 | 30 | 26 | | 30318 | 90 | 190 | 46.50 | 43 | 36 |
| | 30219 | 95 | 170 | 34.50 | 32 | 27 | | 30319 | 95 | 200 | 49.50 | 45 | 38 |
| | 30220 | 100 | 180 | 37 | 34 | 29 | | 30320 | 100 | 215 | 51.50 | 47 | 39 |

（续）

| 轴承代号 | 外形尺寸 | | | | | 轴承代号 | 外形尺寸 | | | | |
|---|---|---|---|---|---|---|---|---|---|---|---|
| | $d$ | $D$ | $T$ | $B$ | $C$ | | $d$ | $D$ | $T$ | $B$ | $C$ |
| 32204 | 20 | 47 | 19.25 | 18 | 15 | 32304 | 20 | 52 | 22.25 | 21 | 18 |
| 32205 | 25 | 52 | 19.25 | 18 | 16 | 32305 | 25 | 62 | 25.25 | 24 | 20 |
| 32206 | 30 | 62 | 21.25 | 20 | 17 | 32306 | 30 | 72 | 28.75 | 27 | 23 |
| 32207 | 35 | 72 | 24.25 | 23 | 19 | 32307 | 35 | 80 | 32.75 | 31 | 25 |
| 32208 | 40 | 80 | 24.75 | 23 | 19 | 32308 | 40 | 90 | 35.25 | 33 | 27 |
| 32209 | 45 | 85 | 24.75 | 23 | 19 | 32309 | 45 | 100 | 38.25 | 36 | 30 |
| 32210 | 50 | 90 | 24.75 | 23 | 19 | 32310 | 50 | 110 | 42.25 | 40 | 33 |
| 32211 | 55 | 100 | 26.75 | 25 | 21 | 32311 | 55 | 120 | 45.50 | 43 | 35 |
| 32212 | 60 | 110 | 29.75 | 28 | 24 | 32312 | 60 | 130 | 45.50 | 46 | 37 |
| 32213 | 65 | 120 | 32.75 | 31 | 27 | 32313 | 65 | 140 | 51 | 48 | 39 |
| 32214 | 70 | 125 | 33.25 | 31 | 27 | 32314 | 70 | 150 | 54 | 51 | 42 |
| 32215 | 75 | 130 | 33.25 | 31 | 27 | 32315 | 75 | 160 | 58 | 55 | 45 |
| 32216 | 80 | 140 | 35.25 | 33 | 28 | 32316 | 80 | 170 | 61.50 | 58 | 48 |
| 32217 | 85 | 150 | 38.50 | 36 | 30 | 32317 | 85 | 180 | 65.50 | 60 | 49 |
| 32218 | 90 | 160 | 42.50 | 40 | 34 | 32318 | 90 | 190 | 67.50 | 64 | 53 |
| 32219 | 95 | 170 | 45.50 | 43 | 37 | 32319 | 95 | 200 | 71.50 | 67 | 55 |
| 32220 | 100 | 180 | 49 | 46 | 39 | 32320 | 100 | 215 | 77.50 | 73 | 60 |

22 系列

23 系列

## 参考文献

[1]　柳海强. 简明机械制图手册 [M]. 北京：机械工业出版社，2013.

[2]　张仁英. 机械制图及 CAD [M]. 2 版. 重庆：重庆大学出版社，2010.

[3]　胡胜. 机械识图 [M]. 重庆：重庆大学出版社，2007.

[4]　金大鹰. 机械制图 [M]. 北京：机械工业出版社，2001.

[5]　王幼龙. 机械制图 [M]. 北京：高等教育出版社，2001.

[6]　杨君伟. 机械制图 [M]. 北京：机械工业出版社，2007.

[7]　黄正轴，张贵社. 机械制图 [M]. 北京：人民邮电出版社，2010.

[8]　徐玉华. 机械制图 [M]. 2 版. 北京：人民邮电出版社，2010.

# 机械识图与制图课业活页

主　编　游明军
副主编　张仁英

机械工业出版社

绘图工具的使用练习。(课内)

指出下图所示各部分名称。

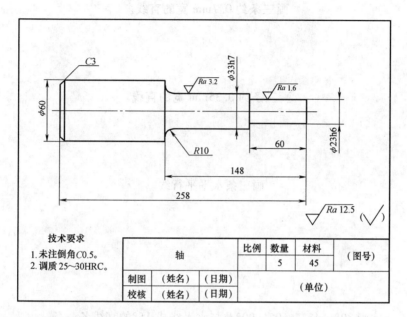

| 轴 | | 比例 | 数量 | 材料 | (图号) |
|---|---|---|---|---|---|
| | | | 5 | 45 | |
| 制图 | (姓名) | (日期) | | (单位) | |
| 校核 | (姓名) | (日期) | | | |

技术要求
1. 未注倒角C0.5。
2. 调质25~30HRC。

绘图工具的使用练习。(课外)

指出下图所示各部分名称。

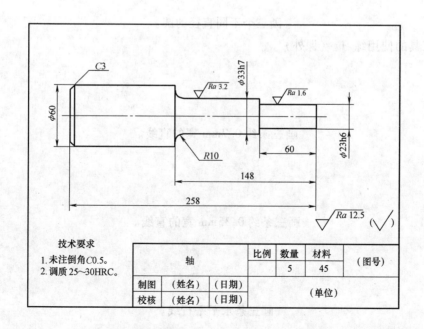

| 轴 | | 比例 | 数量 | 材料 | (图号) |
|---|---|---|---|---|---|
| | | | 5 | 45 | |
| 制图 | (姓名) | (日期) | | (单位) | |
| 校核 | (姓名) | (日期) | | | |

技术要求
1. 未注倒角C0.5。
2. 调质25~30HRC。

绘图工具的使用练习。(课内)

画三条约 0.7mm 宽的直线。

画三条约 0.35mm 宽的直线。

画三条水平平行线。

画 30°、45°、60°、90°及与水平线成 15°的直线各一条。

画三个不同直径的圆。

绘图工具的使用练习。(课外)

画三条约 0.7mm 宽的直线。

画三条约 0.35mm 宽的直线。

画三条水平平行线。

画 30°、45°、60°、90°及与水平线成 15°的直线各一条。

画三个不同直径的圆。

国家标准《机械制图》的基本规定——线型练习。（课内）

| | | 比例 | 数量 | 材料 | |
|---|---|---|---|---|---|
| | | | | | (图号) |
| 制图 | (姓名) | (日期) | | (单位) | |
| 校核 | (姓名) | (日期) | | | |

国家标准《机械制图》的基本规定——线型练习。（课外）

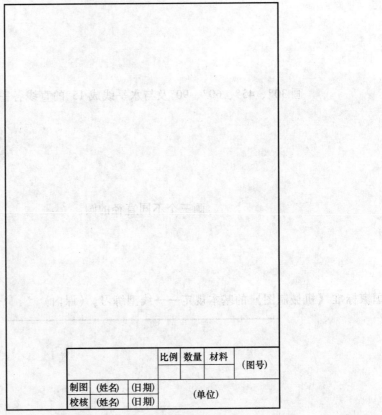

| | | 比例 | 数量 | 材料 | |
|---|---|---|---|---|---|
| | | | | | (图号) |
| 制图 | (姓名) | (日期) | | | |
| 校核 | (姓名) | (日期) | | (单位) | |

标注下图中的尺寸。（上面为课内，下面为课外）

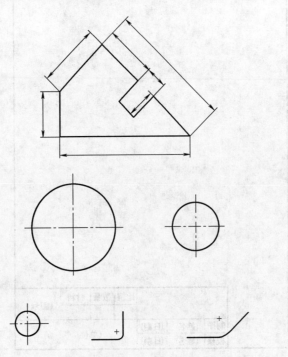

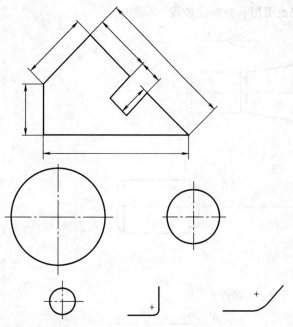

请对线段 *AB* 七等分。（课内）

*A* _____ *B*

作圆的内接正五边形。（课内）

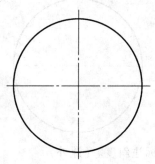

按左上方小图完成图形，并标注斜度。（课内）

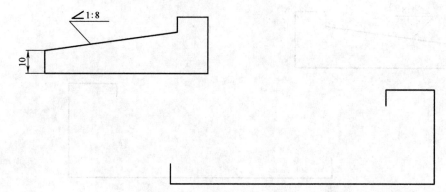

按左上方小图完成图形，并标注锥度。（课内）

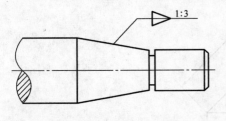

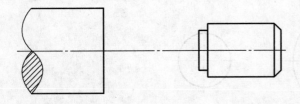

请对线段 *AB* 五等分。（课外）

*A* _____ *B*

作圆的内接正五边形。（课外）

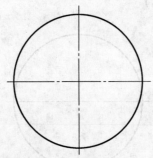

按左上方小图完成图形，并标注斜度。（课外）

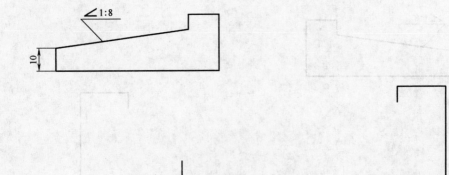

按左上方小图完成图形，并标注锥度。（课外）

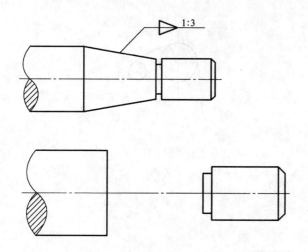

作给定半径 R 的圆弧连接两直线。（课内）

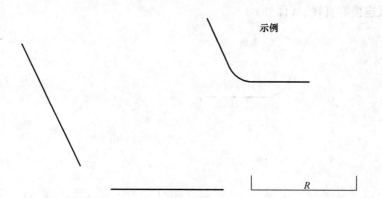

作给定半径 R 的圆弧与两圆外切。（课内）

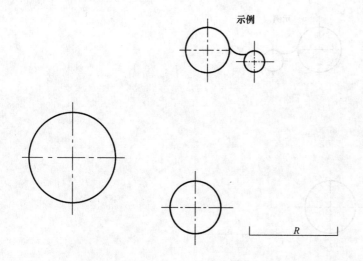

作给定半径 $R$ 的圆弧与两圆内切。（课内）

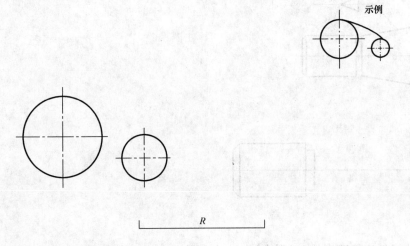

**画奖杯图（课内）**

作给定半径 $R$ 的圆弧连接两直线。（课外）

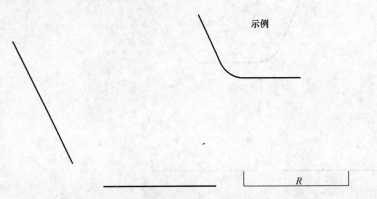

作给定半径 $R$ 的圆弧与两圆外切。（课外）

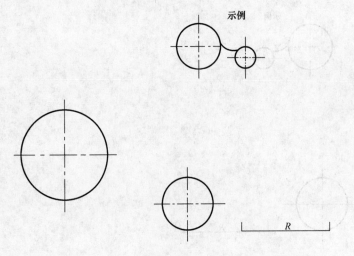

作给定半径 $R$ 的圆弧与两圆内切。（课外）

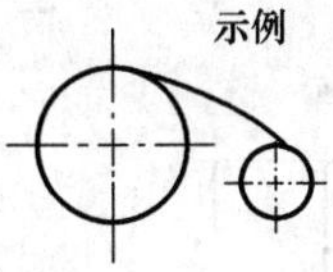

示例

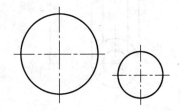

|⊢————————————— $R$ —————————————⊣|

画奖杯图。（课外）

| | | 比例 | 数量 | 材料 | （图号） |
|---|---|---|---|---|---|
| | | | | | |
| 制图 | (姓名) | (日期) | | （单位） | |
| 校核 | (姓名) | (日期) | | | |

平面图形拓展练习。

1.

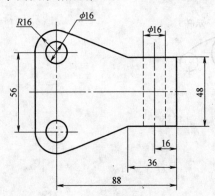

2.

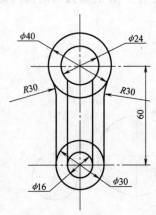

3.

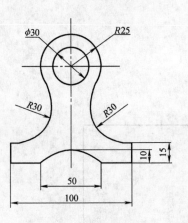

4.

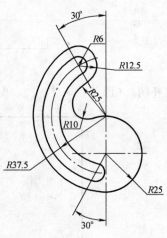

5.

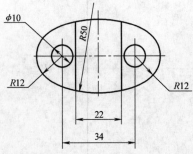

6.

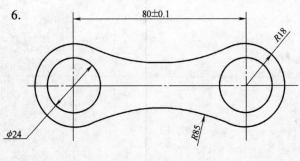

7.

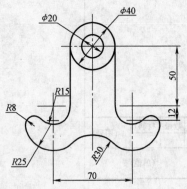

8.

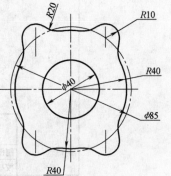

9.

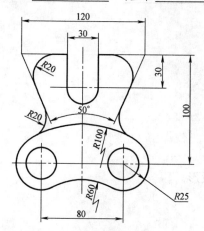

10.

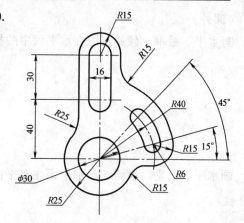

11.

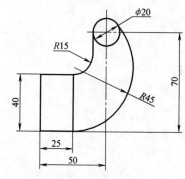

（课内）

画水平、铅垂、倾斜直线在水平面中的投影。

画水平、铅垂、倾斜三角形平面在水平面中的投影。

画长方体的一个投影。

总结正投影法的基本性质。

问：一个视图能否完整表达一个物体？

班级＿＿＿＿＿＿　姓名＿＿＿＿＿＿　学号＿＿＿＿＿＿　成绩＿＿＿＿＿＿

（课外）

画水平、铅垂、倾斜直线在水平面中的投影。

画水平、铅垂、倾斜三角形平面在水平面中的投影。

画长方体的一个投影。

（课内）

画长方体的三视图（长 50mm、宽 30mm、高 25mm）。

在图中按规定标出三个指定点的投影。

说出三视图摆放位置规律。

在下图中填上正确的方位（前、后、左、右、上、下）。

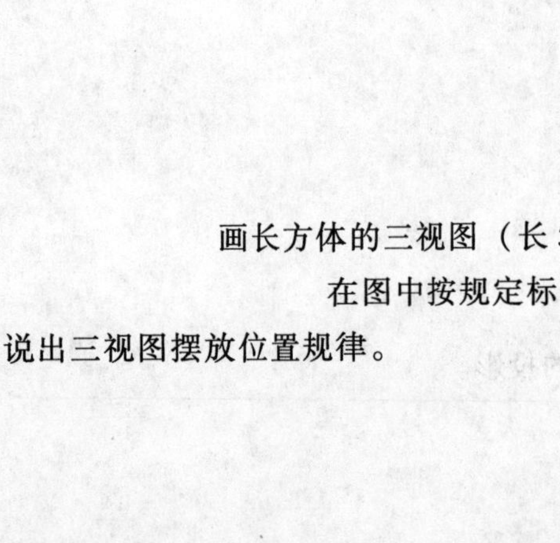

| 主视图<br>（　） | | 左视图<br>（　） | |
|---|---|---|---|
| （　） | （　） | （　） | （　） |
| （　） | | （　） | |
| 俯视图<br>（　） | | | |
| （　） | （　） | | |
| （　） | | | |

总结出三视图尺寸关系规律并总结出如何保证这些尺寸关系规律。

（课外）

画长方体的三视图（长 50mm、宽 30mm、高 25mm）。

在图中按规定标出三个指定点的投影。

说出三视图摆放位置规律。

在下图中填上正确的方位（前、后、左、右、上、下）。

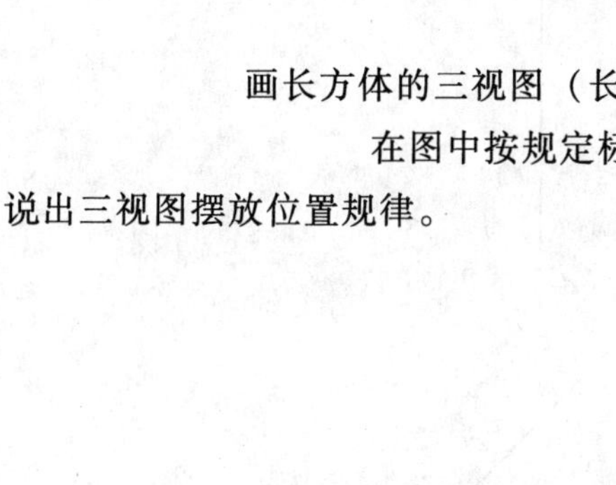

| 主视图 ( ) | 左视图 ( ) |
|---|---|
| ( )        ( ) | ( )        ( ) |
| ( ) | ( ) |
| 俯视图 ( ) | |
| ( )        ( ) | |
| ( ) | |

画正六棱柱三视图（尺寸自定）。

补全正五棱柱的三视图，并求作其表面上点的另两个投影。

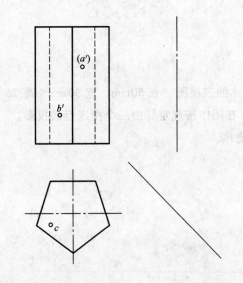

画正六棱锥三视图（尺寸自定）。

求作正三棱锥表面上点的另两个投影。

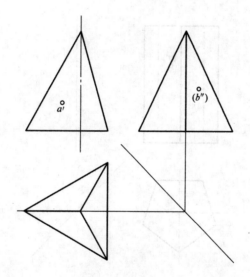

画正六棱柱三视图（尺寸自定）。

补全正五棱柱的三视图，并求作其表面上点的另两个投影。

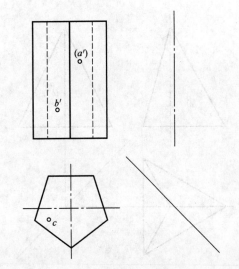

画正六棱锥三视图（尺寸自定）。

求作正三棱锥表面上点的另两个投影。

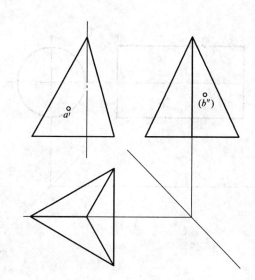

**画圆柱体三视图（尺寸自定）。**

补全圆柱体的三视图，并求作其表面上点的另两个投影。

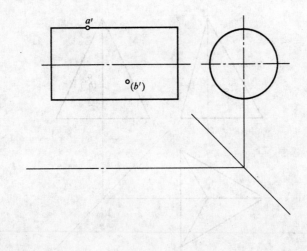

画圆锥体三视图（尺寸自定）。

补全圆锥体的三视图，并求作其表面上点的另两个投影。

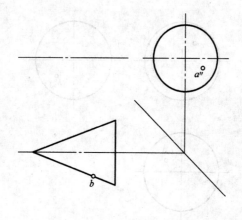

**画圆球三视图**（尺寸自定）。

求作圆球表面上点的另两个投影。

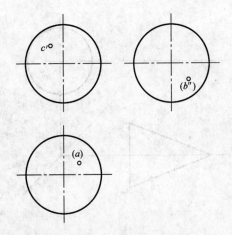

画圆柱体三视图（尺寸自定）。

补全圆柱体的三视图，并求作其表面上点的另两个投影。

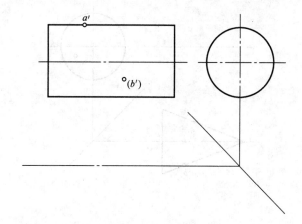

画圆锥体三视图（尺寸自定）。

补全圆锥体的三视图，并求作其表面上点的另两个投影。

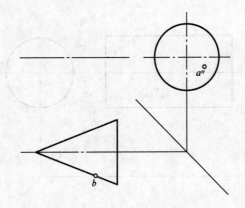

画圆球三视图（尺寸自定）。

求作圆球表面上点的另两个投影。

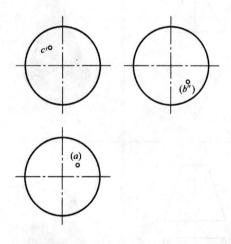

班级_____  姓名_____  学号_____  成绩_____

（课内）

基本几何体的尺寸标注（尺寸在视图中量取）。

| 立 体 图 | 视 图 | 立 体 图 | 视 图 |
|---|---|---|---|
| 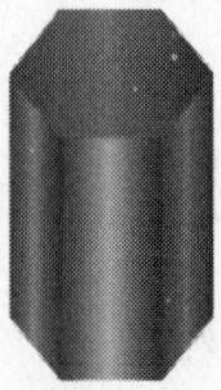 正六棱柱 | 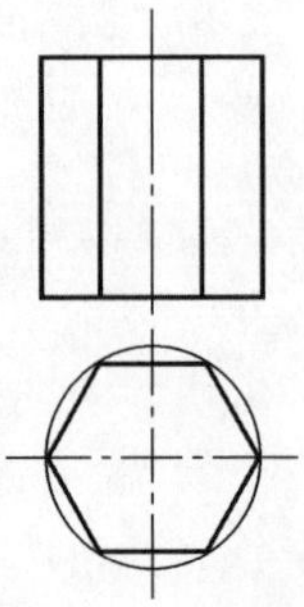 | 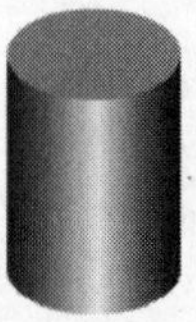 圆柱体 | 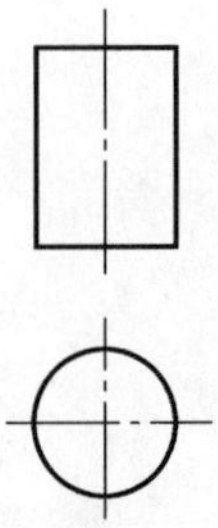 |
| 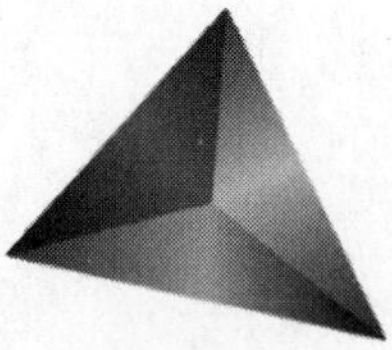 正三棱锥 | 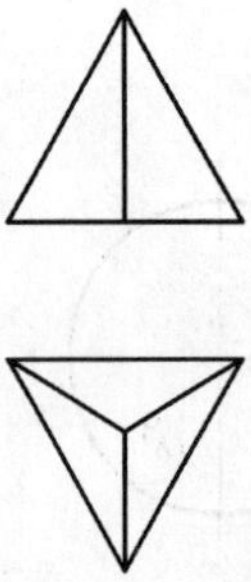 |  圆锥体 | 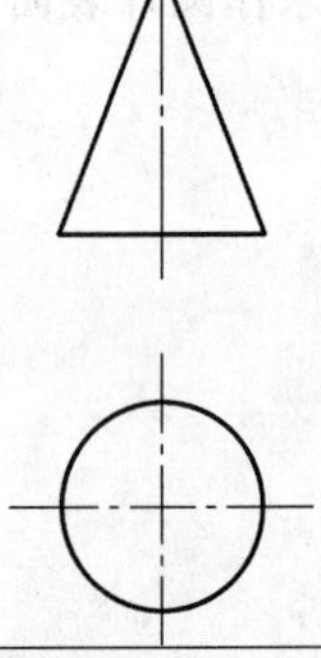 |
|  正四棱台 | 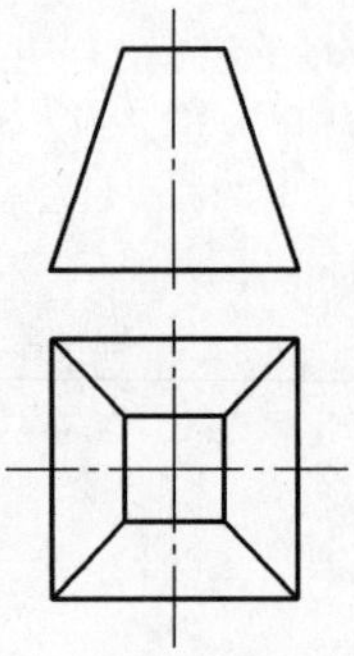 | 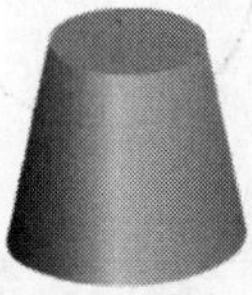 圆锥台 | 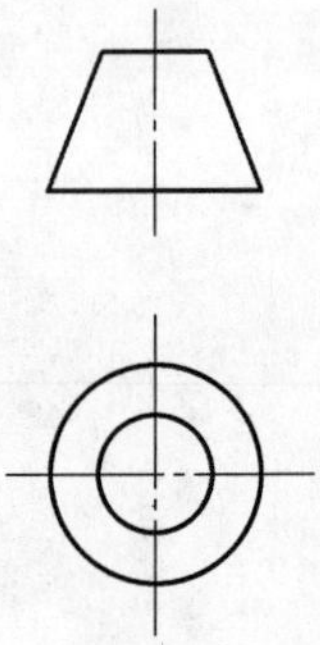 |
|  四棱柱 | 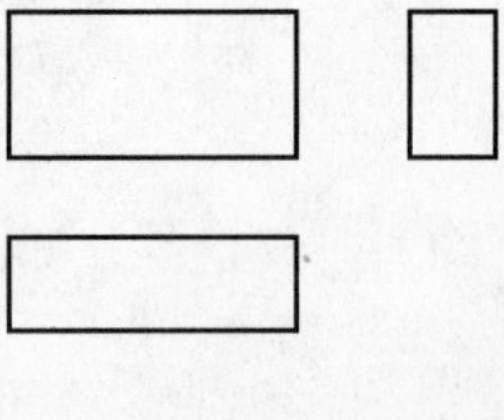 |  球 | 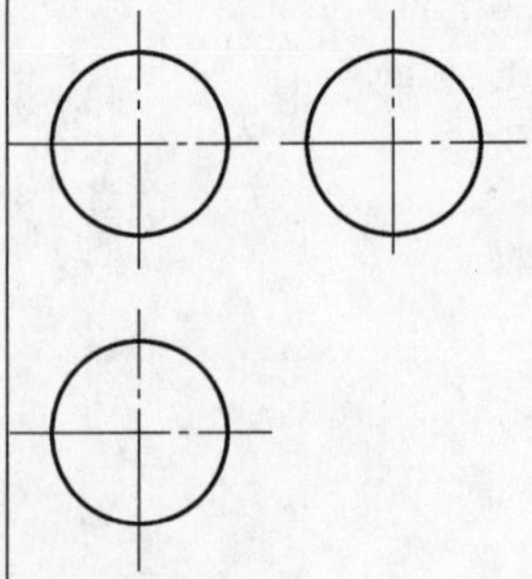 |

班级＿＿＿＿＿＿ 姓名＿＿＿＿＿＿ 学号＿＿＿＿＿＿ 成绩＿＿＿＿＿＿

（课外）

基本几何体的尺寸标注（尺寸在视图中量取）。

| 立体图 | 视图 | 立体图 | 视图 |
|---|---|---|---|
| 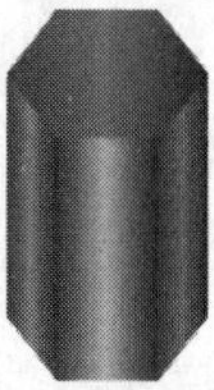 正六棱柱 | 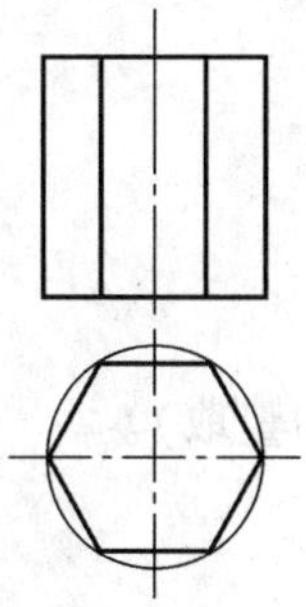 | 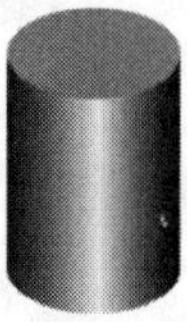 圆柱体 | 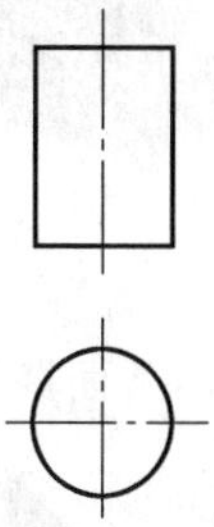 |
| 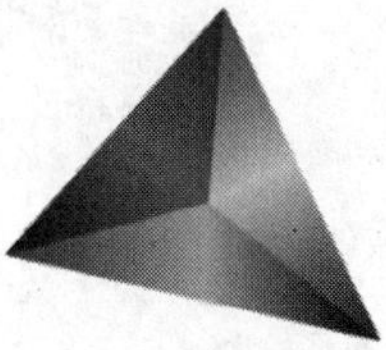 正三棱锥 | 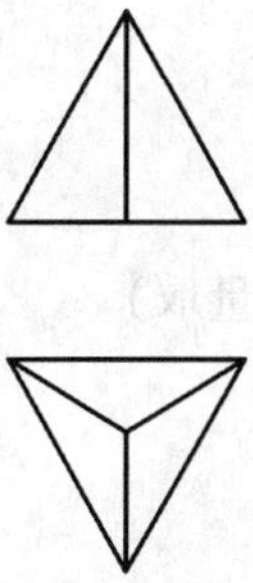 | 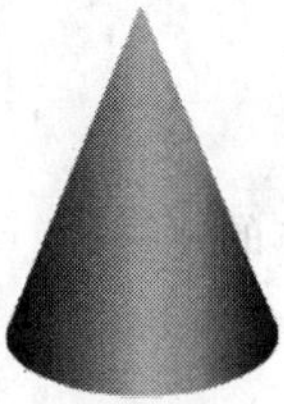 圆锥体 | 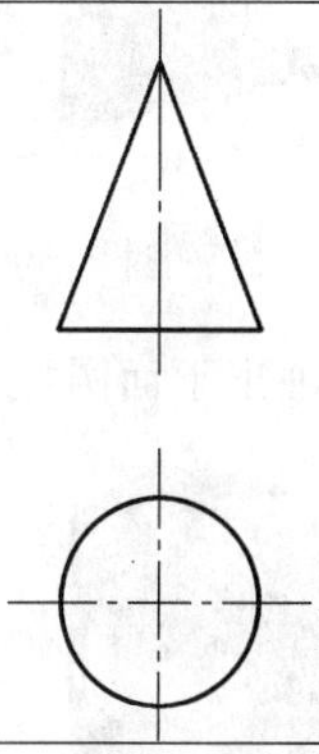 |
| 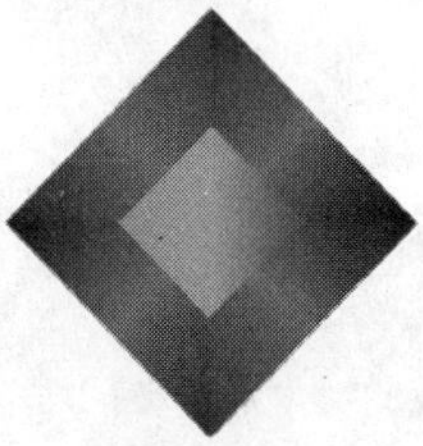 正四棱台 | 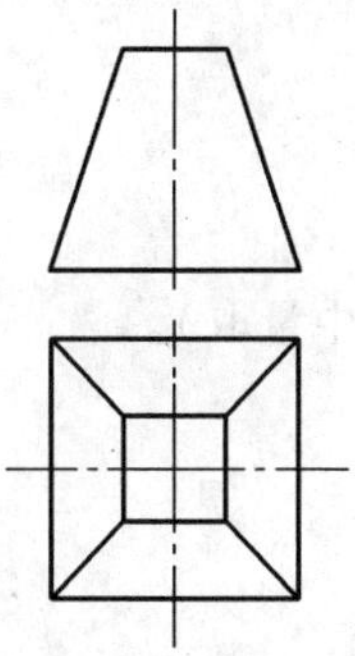 | 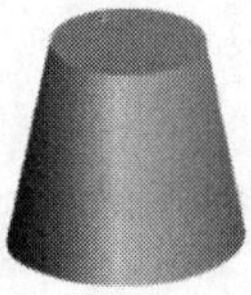 圆锥台 | 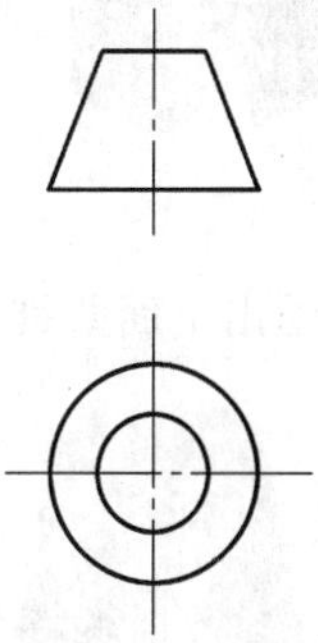 |
| 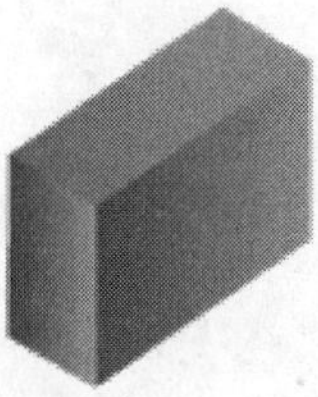 四棱柱 | 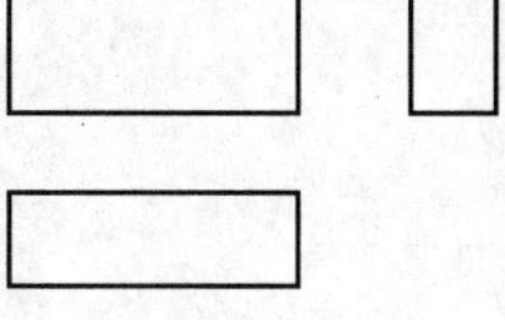 | 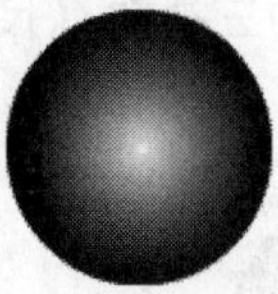 球 | 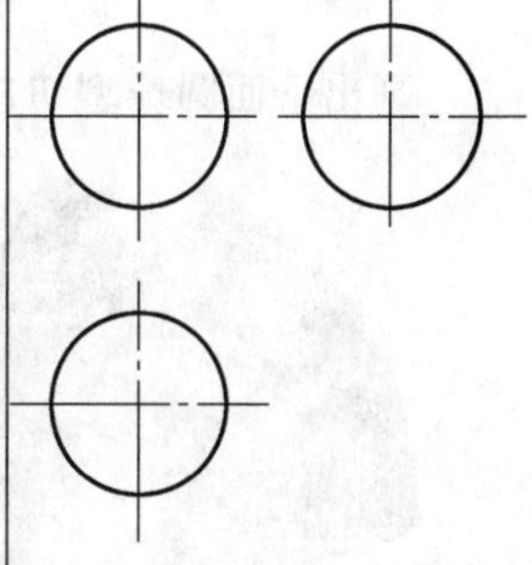 |

（课内）

画出下面棱柱体型切口体的三视图（尺寸在图中量取）。

主视图方向

画出下面棱锥体型切口体的三视图（尺寸在图中量取）。

主视图方向

画出下面圆柱体型切口体的三视图（尺寸在图中量取）。

画出下面圆锥体型切口体的三视图（尺寸在图中量取）。

画出下面圆球型切口体的三视图（尺寸在图中量取）。

（课外）

画出下面棱柱体型切口体的三视图（尺寸在图中量取）。

画出下面棱锥体型切口体的三视图（尺寸在图中量取）。

画出下面圆柱体型切口体的三视图（尺寸在图中量取）。

画出下面圆锥体型切口体的三视图（尺寸在图中量取）。

画出下面圆球型切口体的三视图（尺寸在图中量取）。

（课内）

画出下图所示凹形槽的正等轴测图。

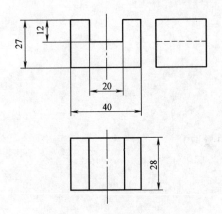

画出下图所示零件的斜二轴测图（尺寸在视图中量取）。

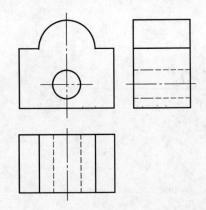

（课外）

画出下图所示凹形槽的正等轴测图。

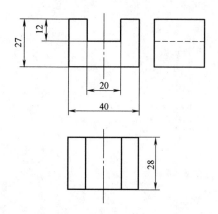

画出下图所示零件的斜二轴测图（尺寸在视图中量取）。

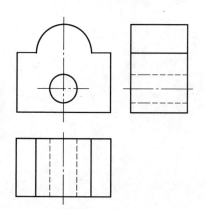

拓展练习（尺寸在图中量取）。

1. 画正等轴测图。

（1）

（2）

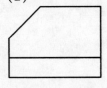

（3）

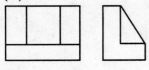

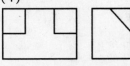

（4）

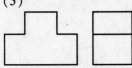

（5）

（6）

（7）

2. 画斜二轴测图。

（1）

（2）

（3）

（课内）

画出下面六棱柱的截交线投影并完成三视图。

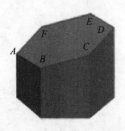

画出下面六棱锥的截交线投影并完成三视图。

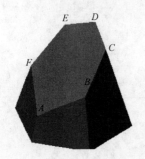

（课外）

画出下面六棱柱的截交线投影并完成三视图。

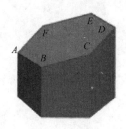

画出下面六棱锥的截交线投影并完成三视图。

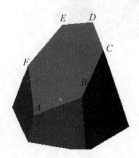

（课内）

画出下面圆柱体的截交线投影并完成三视图。

画出下面圆锥体的截交线（三种情况）投影并完成三视图。

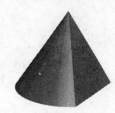

（课外）

画出下面圆柱体的截交线投影并完成三视图。

画出下面圆锥体的截交线（三种情况）投影并完成三视图。

班级_____ 姓名_____ 学号_____ 成绩_____

（课内）

画出下面圆球的截交线投影并完成三视图。

补画第三视图。

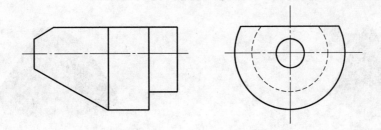

（课外）

画出下面圆球的截交线投影并完成三视图。

补画第三视图。

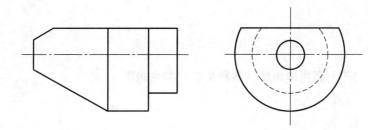

（课内）

画出下面两圆柱体相贯的三视图（表面取点法和近似画法）。

画出两直径相等的圆柱体相贯（等径相贯）的主视图。

班级_____ 姓名_____ 学号_____ 成绩_____

（课内）

画出两内圆柱体相贯的主视图。

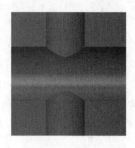

画出下面三种共轴相贯的主视图。

（课外）

画出下面两圆柱体相贯的三视图（表面取点法和近似画法）。

画出两直径相等的圆柱体相贯（等径相贯）的主视图。

（课外）

画出两内圆柱体相贯的主视图。

画出下面三种共轴相贯的主视图。

拓展练习

1. 补画视图中所缺的图线。

（1）

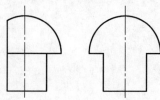

（2）

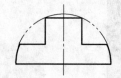

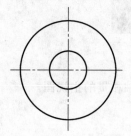

2. 补画相贯线的投影。

（1）

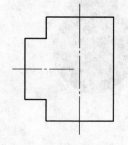

（2）

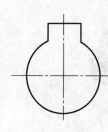

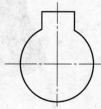

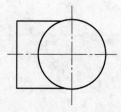

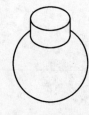

（3）

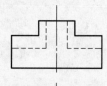

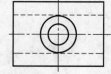

（4）

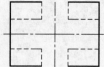

（课内）

请说出下图所示轴承座组合体由哪几个基本几何体组成的？

指出下图中的错误，并说明原因。

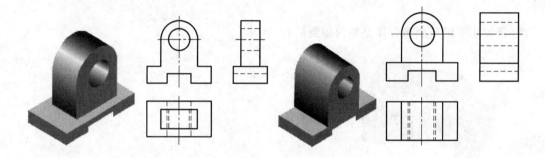

指出下图中的错误，并说明原因。

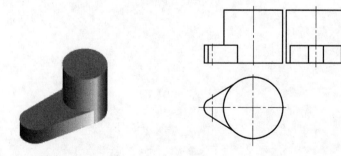

（课内）

指出下图中的错误，并说明原因。

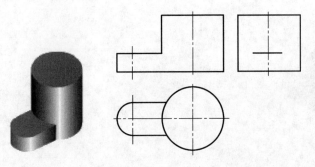

请说出下图所示组合体是如何得到的？

请说出下图所示组合体是如何得到的？

（课外）

请说出下图所示轴承座组合体由哪几个基本几何体组成的？

指出下图中的错误，并说明原因。

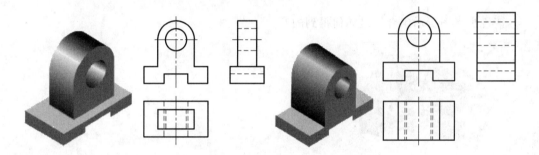

指出下图中的错误，并说明原因。

 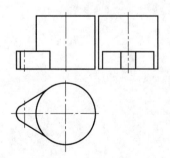

（课外）

指出下图中的错误，并说明原因。

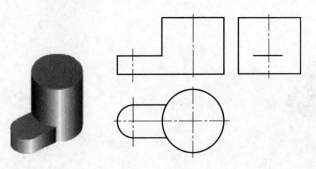

请说出下图所示组合体是如何得到的？

请说出下图所示组合体是如何得到的？

班级_____ 姓名_____ 学号_____ 成绩_____

（课内）

画出下面组合体的三视图（尺寸在图中量取）。

（课外）

画出下面组合体的三视图（尺寸在图中量取）。

班级＿＿＿＿＿＿＿ 姓名＿＿＿＿＿＿＿ 学号＿＿＿＿＿＿＿ 成绩＿＿＿＿＿＿＿

（课内）

读懂组合体三视图，做出其模型或画出其轴测草图。

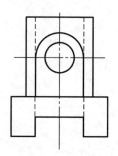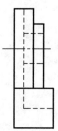

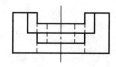

读懂下面的两视图，补画其俯视图。

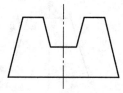

（课外）

读懂组合体三视图，做出其模型或画出其轴测草图。

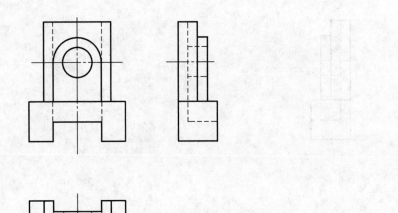

读懂下面的两视图，补画其俯视图。

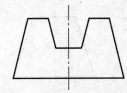 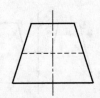

（课内）

标注下面组合体的尺寸（数值大小在图中量取）。

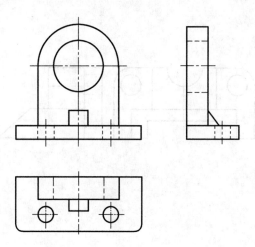

（课外）

标注下面组合体的尺寸（数值大小在图中量取）。

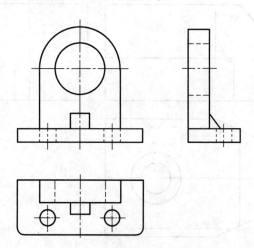

（课内）

读懂下面的主、左视图，并补画俯视图。

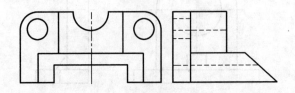

已知压块的三视图，补画其所漏的图线。

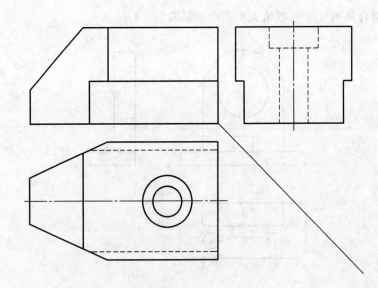

（课外）

读懂下面的主、左视图，并补画俯视图。

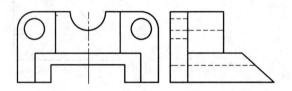

已知压块的三视图，补画其所漏的图线。

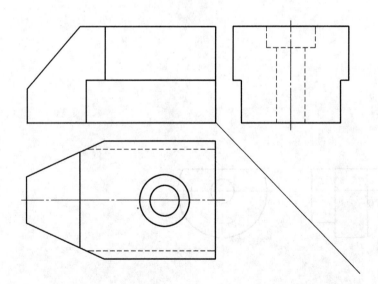

拓展练习

1. 补画视图。

（1）

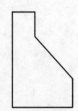

（2）

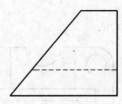 

（3）

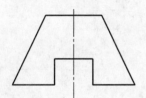

（4）

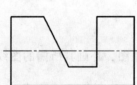 

（5）

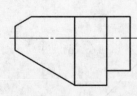 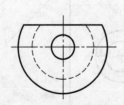

2. 根据立体图画三视图（尺寸从图中量取）。

（1）

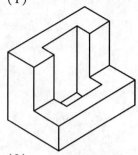

（2）

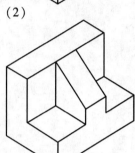

（3）

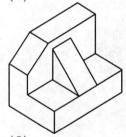

（4）

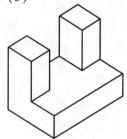

（5）

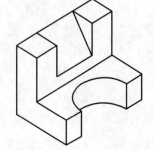

（6）

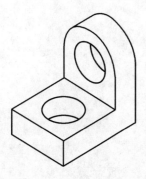

（7）

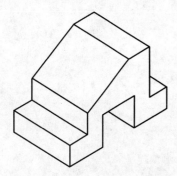

（8）

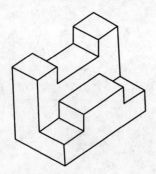

（9）

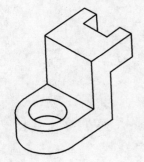

（10）

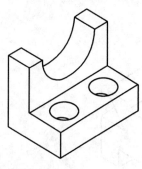

（11）

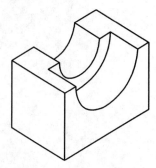

（12）

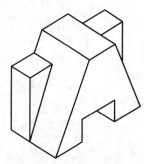

3. 根据立体图，补画视图中的漏线。

（1）

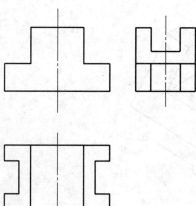

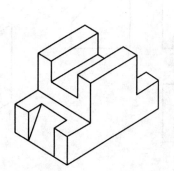

（2）

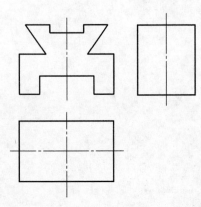 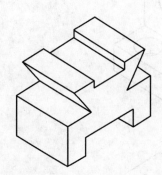

（3）

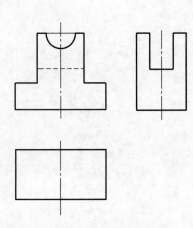 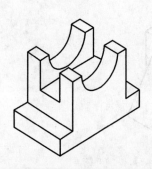

（4）

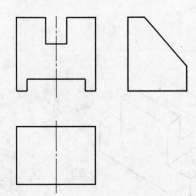 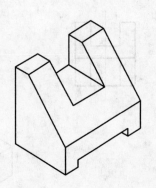

4. 根据三视图，想象立体形状，补画图中的漏线。

（1）

（2）

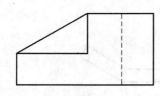

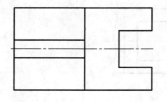

（课内）

画出下面物体的六个基本视图。

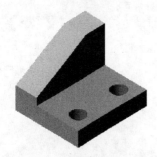

在下图的右边画出 A 方向投影视图，右下方画出 B 方向投影视图。

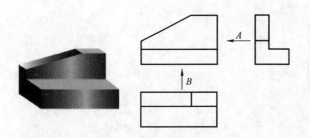

画斜视图。

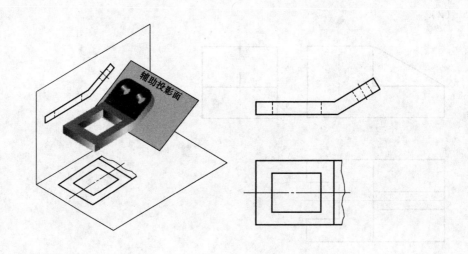

（课外）

画出下面物体的六个基本视图。

在下图的右边画出 A 方向投影视图，右下方画出 B 方向投影视图。

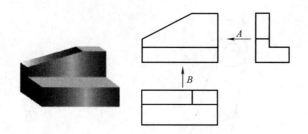

画斜视图。

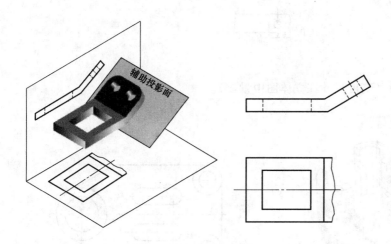

（课内）

画单一剖切面的全剖视图。

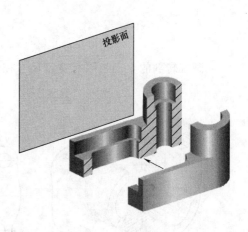

画斜剖的全剖视图。

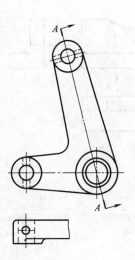

画阶梯剖的全剖视图（高度尺寸在立体图中量取）。

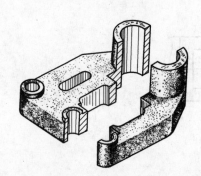

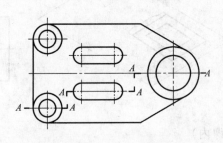

画旋转剖的全剖视图（宽度尺寸在立体图中量取）。

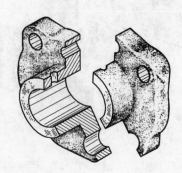

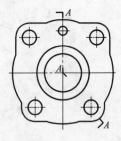

画半剖视图。

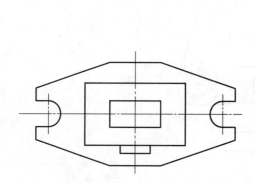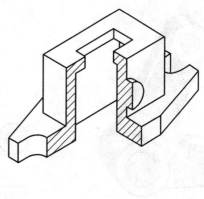

画局部剖视图。

（课外）

画单一剖切面的全剖视图。

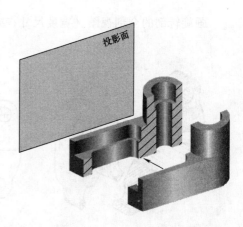

画斜剖的全剖视图。

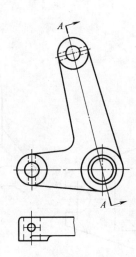

画阶梯剖的全剖视图（高度尺寸在立体图中量取）。

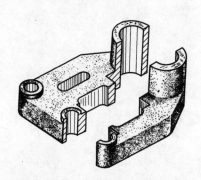

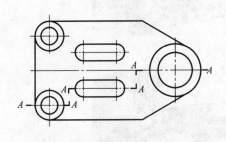

画旋转剖的全剖视图（宽度尺寸在立体图中量取）。

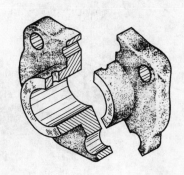

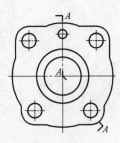

画半剖视图。

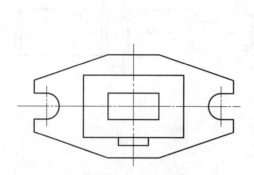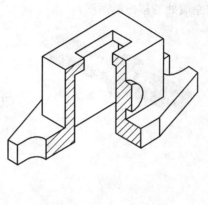

画局部剖视图。

（课内）

画出轴左端处的移出断面图。

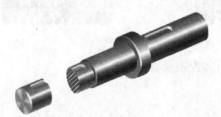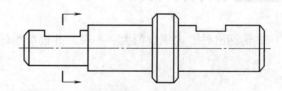

（课外）

画出轴左端处的移出断面图。

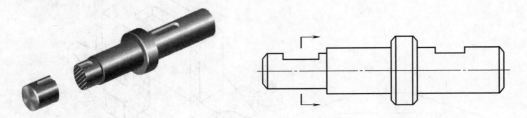

（课内）

1. 在下图中标出螺纹的加工方法和螺纹终止位置并说明右图底部为什么是120°？

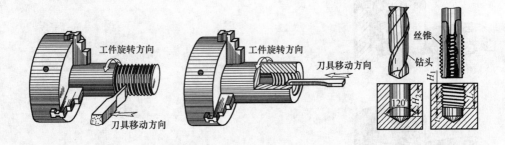

2. 请标出下面螺纹的牙型。

3. 请标出外、内螺纹的大、小径，并按单线标出其螺距。

 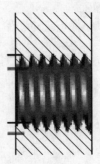

4. 标出单、双线。

5. 判断螺纹的旋向。

6. 根据给定的尺寸画出螺纹两视图。外螺纹，螺纹规格 $d = $ M20，螺纹长度 20mm。

7. 根据给定的尺寸画出螺纹两视图。

（1）螺纹通孔，螺纹规格 $D = $ M20，两端孔口倒角 $C$2。

（2）不通孔螺纹（由左侧加工），螺纹规格 $D = $ M20，钻孔深度 35mm，螺纹深度 30mm。

8. 画出以上外螺纹和不通孔内螺纹组成的螺纹联接的主视图。

_____

（课外）

1. 在下图中标出螺纹的加工方法和螺纹终止位置并说明右图底部为什么是 120°？

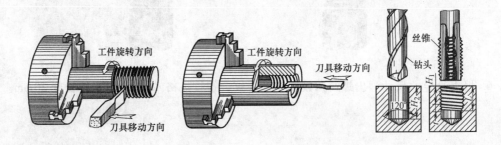

2. 请标出下面螺纹的牙型。

3. 请标出外、内螺纹的大、小径，并按单线标出其螺距。

 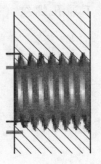

4. 标出单、双线

5. 判断螺纹的旋向。

6. 根据给定的尺寸画出螺纹两视图。外螺纹，螺纹规格 $d$ = M20，螺纹长度 20mm。

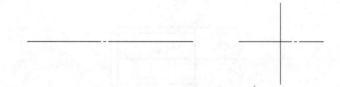

7. 根据给定的尺寸画出螺纹两视图。

（1）螺纹通孔，螺纹规格 $D$ = M20，两端孔口倒角 $C$2。

（2）不通孔螺纹（由左侧加工），螺纹规格 $D$ = M20，钻孔深度 35mm，螺纹深度 30mm。

8. 画出以上外螺纹和不通孔内螺纹组成的螺纹联接的主视图。

（课内）

标注螺纹

1. 粗牙普通螺纹，外螺纹大径 20mm，右旋，中径和大径公差带代号 6g，中等旋合长度。

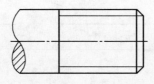

2. 普通螺纹，螺纹大径 20mm，螺距 2mm，左旋，中径公差带代号 5H，小径公差带代号 6H，长旋合长度。

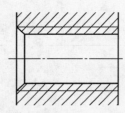

3. 梯形螺纹，公称直径 48mm，螺距 5mm，双线，右旋，中径公差带代号 7e，中等旋合长度。

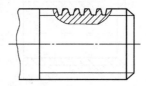

4. 55°非密封管螺纹，尺寸代号为 1¼，公差等级 A 级，右旋。

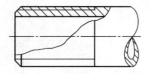

5. 55°密封管螺纹，尺寸代号为 1½，左旋。

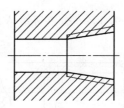

6. 55°密封管螺纹，尺寸代号为 3/4。

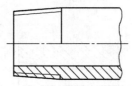

（课外）

标注螺纹

1. 粗牙普通螺纹，外螺纹大径 20mm，右旋，中径和大径公差带代号为 6g，中等旋合长度。

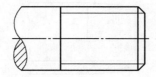

2. 普通螺纹，螺纹大径 20mm，螺距 2mm，左旋，中径公差带代号 5H，小径公差带代号 6H，长旋合长度。

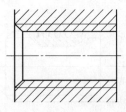

3. 梯形螺纹，公称直径 48mm，螺距 5mm，双线，右旋，中径公差带代号 7e，中等旋合长度。

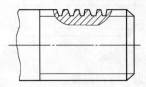

4. 55°非密封管螺纹，尺寸代号为 1¼，公差等级 A 级，右旋。

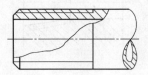

5. 55°密封管螺纹，尺寸代号为 1½，左旋。

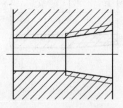

6. 55°密封管螺纹，尺寸代号为 3/4。

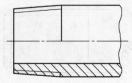

班级_____ 姓名_____ 学号_____ 成绩_____

（课内）

画 M20（GB/T 5782—2000）六角头螺栓（长 100mm）的两视图。

画螺纹联接件的装配图

1. 画出螺栓联接装配图的主视图。

2. 画出双头螺柱联接装配图的主视图。

3. 画出螺钉联接装配图的主视图。

（课外）

画 M20（GB/T 5782—2000）六角头螺栓（长 100mm）的两视图。

在螺纹联接图中用引线标出每个零件名称。

1）螺栓联接。

2）双头螺柱联接。

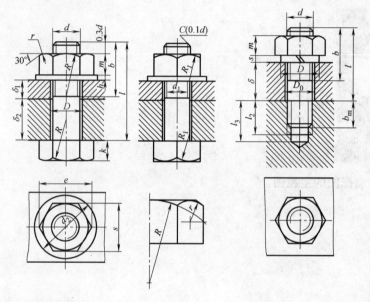

3）螺钉联接。

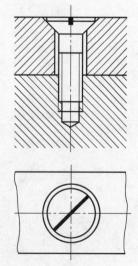

（课内）

1. 填出下图中齿轮副的类型。

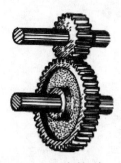  

_____齿轮副　　　　　　_____齿轮副　　　　　　_____齿轮副

2. 填出下图中齿轮的类型。

_____齿轮　　　　　　_____齿轮　　　　　　_____齿轮

3. 在下图中标出直齿圆柱齿轮的齿顶圆直径、分度圆直径和齿根圆直径。

（课内）

已知一直齿圆柱齿轮齿数 $z=30$，模数 $m=2\text{mm}$，完成两视图。

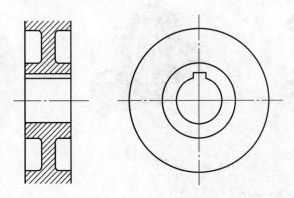

已知一对啮合齿轮，齿数 $z_1=14$，模数 $m=2\text{mm}$，中心距 $a=40\text{mm}$，完成两个齿轮啮合的两个视图。

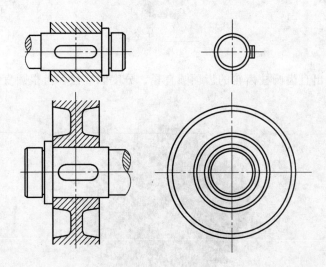

（课外）

1. 填出下图中齿轮副的类型。

_____齿轮副　　　　　　_____齿轮副　　　　　　_____齿轮副

2. 填出下图中齿轮的类型。

_____齿轮　　　　　　　_____齿轮　　　　　　　_____齿轮

3. 在下图中标出直齿圆柱齿轮的齿顶圆直径、分度圆直径和齿根圆直径。

（课外）

已知一直齿圆柱齿轮齿数 $z = 20$，模数 $m = 3\text{mm}$，完成两视图。

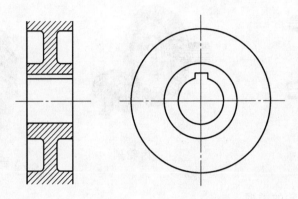

已知一对啮合齿轮，齿数 $z_1 = 14$，模数 $m = 2\text{mm}$，中心距 $a = 40\text{mm}$，完成两个齿轮啮合的两个视图。

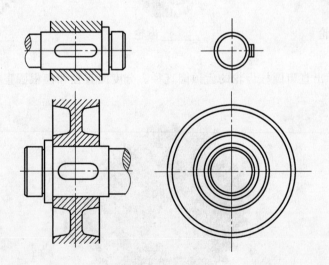

（课内）

1. 把轴、带轮、键标在右图中。

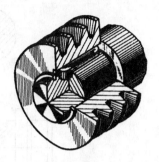

2. 标出下图中各键的名称。

3. 写出下面键标记含义。

（1）GB/T 1096  键 B16×10×100

（2）GB/T 1099.1  键 6×10×25

（3）GB/T 1564  键 C16×100

（4）GB/T 1565  键 16×100

轴和齿轮用普通 A 型平键联接，已知键长 $L=10\text{mm}$，齿轮 $m=3\text{mm}$，$z=18$，按 1:1 的比例完成下图。

1）根据轴孔直径 $\phi 10\text{mm}$ 查国家标准确定键和键槽的尺寸，并标注轴孔和键槽的尺寸。

2）写出键的规定标记：_____

3）用键将轴和齿轮联接起来，完成联接图。

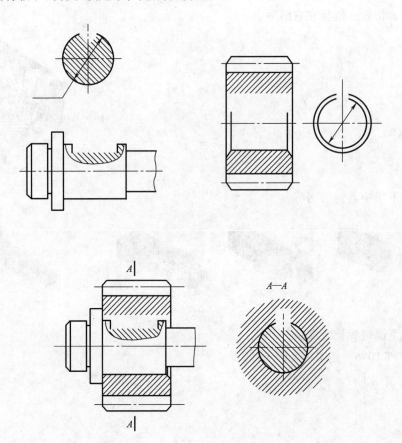

班级_____ 姓名_____ 学号_____ 成绩_____

（课外）

1. 把轴、带轮、键标在右图中。

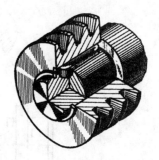

2. 标出下图各键的名称。

3. 写出下面键标记含义。

（1）GB/T 1096　键 B16×10×100



（2）GB/T 1099.1　键 6×10×25



（3）GB/T 1564　键 C16×100



（4）GB/T 1565　键 16×100



轴和齿轮用普通 A 型平键联接，已知键长 $L=10$mm，齿轮 $m=3$mm，$z=18$，按 1:1 的比例完成下图。

1）根据轴孔直径 $\phi$10mm 查国家标准确定键和键槽的尺寸，并标注轴孔和键槽的尺寸。

2）写出键的规定标记：_____

3）用键将轴和齿轮联接起来，完成联接图。

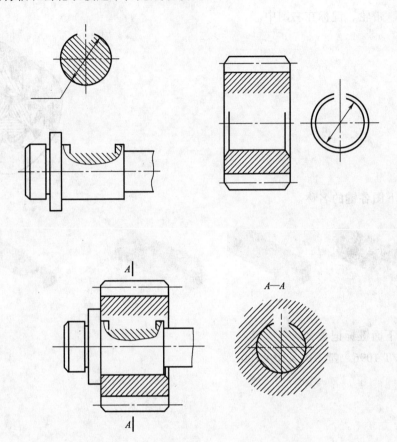

班级_____ 姓名_____ 学号_____ 成绩_____

（课内）

1. 销是标准件，主要用于零件间的 ___ 或 _____。常用的销有 _____、
_____、_____ 等。

2. 读出下面销标记含义。

（1）销 GB/T 117 10×100

（2）销 GB/T 119.1 10m6×80

（3）销 GB/T 91 4×20

3. 完成销联接的视图。

用 1:1 比例完成 $d=6$mm、A 型圆锥销的联接图，并查国家标准写出标记。

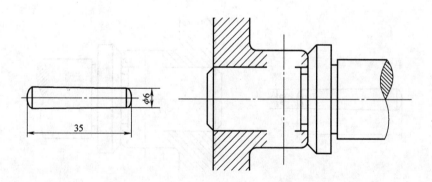

（课外）

1. 销是标准件，主要用于零件间的 ＿＿ 或 ＿＿＿。常用的销有 ＿＿＿＿、
＿＿＿＿、＿＿＿＿等。

2. 读出下面销标记含义。

（1）销 GB/T 117 10×100



（2）销 GB/T 119.1 10m6×80



（3）销 GB/T 91 4×20



3. 完成销联接的视图。

用 1:1 比例完成 $d=6$mm、A 型圆锥销的联接图，并查国家标准写出标记。

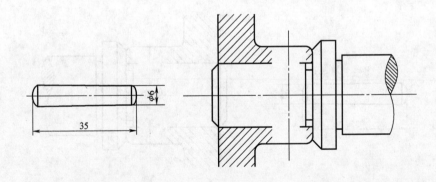

班级_____ 姓名_____ 学号_____ 成绩_____

（课内）

1. 在下图中标出滚动轴承的组成。

2. 滚动轴承按其所能承受的载荷方向不同，可分为哪三种？它们的分类标准是什么？

3. 解释下列滚动轴承代号的含义。

（1）滚动轴承　6305　GB/T 276—1994

内径：_____

轴承类型：_____

（2）滚动轴承　30306　GB/T 297—1994

内径：_____

轴承类型：_____

（3）滚动轴承　51208　GB/T 28697—2012

内径：_____

轴承类型：_____

4. 按通用画法画 6204 轴承。

（课外）

1. 在下图中标出滚动轴承的组成。

2. 滚动轴承按其所能承受的载荷方向不同，可分为哪三种？它们的分类标准是什么？



3. 解释下列滚动轴承代号的含义。

（1）滚动轴承　6305　GB/T 276—1994

内径：_____

轴承类型：_____

（2）滚动轴承　30306　GB/T 297—1994

内径：_____

轴承类型：_____

（3）滚动轴承　51208　GB/T 28697—2012

内径：_____

轴承类型：_____

4. 按通用画法画 6205 轴承。

班级_____　姓名_____　学号_____　成绩_____

（课内）

1. 弹簧有何作用?

2. 弹簧有哪些类型?

3. 在右图中标注圆柱螺旋压缩弹簧的尺寸。

4. 画圆柱螺旋压缩弹簧零件图。

已知圆柱螺旋压缩弹簧的簧丝直径为 6mm，弹簧外径为 48mm，节距为 12mm，有效圈数为 6.5，支承圈数为 2.5，右旋。轴线为竖直方向，完成弹簧的视图和剖视图。

计算：弹簧中径 = _____

　　　自由高度 = _____

5. 指出下图中的弹簧。

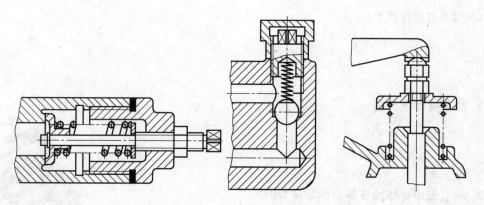

（课外）

1. 弹簧有何作用？

2. 弹簧有哪些类型？

3. 在右图中标注圆柱螺旋压缩弹簧的尺寸。

4. 画圆柱螺旋压缩弹簧零件图。

已知圆柱螺旋压缩弹簧的簧丝直径为 6mm，弹簧外径为 48mm，节距为 12mm，有效圈数为 6.5，支承圈数为 2.5，右旋。轴线为竖直方向，完成弹簧的视图和剖视图。

计算：弹簧中径 = _____

自由高度 = _____

5. 指出下图中的弹簧。

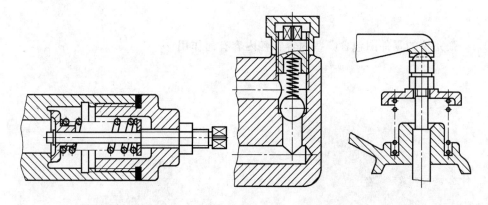

（课内）

1. 对下面零件进行分类。

（　　）类零件　　　　　　　　　　　　（　　）类零件

（　　）类零件　　　　　　　　　　　　（　　）类零件

2. 回答零件图的作用。

3. 一张完整的零件图包含哪些内容？各内容有何作用？

4. 什么是尺寸？

5. 什么是公称尺寸？

6. 什么是极限尺寸？什么是上极限尺寸？什么是下极限尺寸？

7. 什么是偏差？什么是上极限偏差？什么是下极限偏差？

8. 什么是公差？

9. 画出 $\phi 100^{-0.020}_{-0.055}$ 的公差带图。

10. 查标准公差数值表，在下表空白处填出对应的标准公差数值。

| 标准公差等级<br><br>公称尺寸/mm | IT6 | IT7 | IT8 |
|---|---|---|---|
| 5 | | | |
| 10 | | | |
| 20 | | | |
| 30 | | | |

11. 查基本偏差数值表确定 $\phi 40f6$、$\phi 40H7$ 的基本偏差与另一极限偏差，画出公差带图，判断配合类型，计算极限间隙或过盈，判断配合基准类型。

（课外）

1. 对下面零件进行分类。

（　　　）类零件　　　　　　　　　　　　　　　　　（　　　）类零件

（　　　）类零件　　　　　　　　　　　　　　　　　（　　　）类零件

2. 回答零件图的作用。

3. 一张完整的零件图包含哪些内容？各内容有何作用？

4. 什么是尺寸？

5. 什么是公称尺寸？

6. 什么是极限尺寸？什么是上极限尺寸？什么是下极限尺寸？

7. 什么是偏差？什么是上极限偏差？什么是下极限偏差？

8. 什么是公差？

9. 画出 $\phi100^{-0.020}_{-0.055}$ 的公差带图。

10. 查标准公差数值表，在下表空白处填出对应的标准公差数值。

| 标准公差等级<br>公称尺寸/mm | IT6 | IT7 | IT8 |
|---|---|---|---|
| 5 | | | |
| 10 | | | |
| 20 | | | |
| 30 | | | |

11. 解释 $\phi40f6$、$\phi40H7$ 的含义，查基本偏差数值表确定基本偏差与另一极限偏差，画出公差带图，判断配合类型，计算极限间隙或过盈，判断配合基准类型。

（课内）

1. 零件图中标注尺寸公差有哪三种形式？

2. 在下图中标注三种形式的尺寸公差。轴为 $\phi20f6$，$\phi20^{-0.020}_{-0.033}$，$\phi20f6\left(^{-0.020}_{-0.033}\right)$；孔为 $\phi20H7$，$\phi20^{+0.021}_{0}$，$\phi20H7\left(^{+0.021}_{0}\right)$。

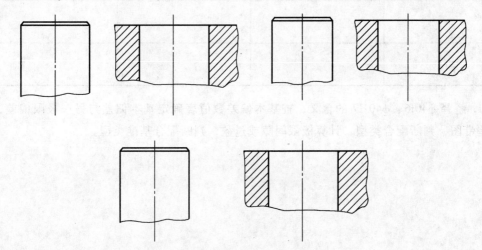

3. 在下图中标注配合公差。孔为 $\phi20H7$，轴为 $\phi20f6$。

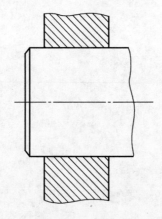

（课外）

1. 零件图中标注尺寸公差有哪三种形式？

2. 在下图中标注三种形式的尺寸公差。轴为 $\phi20f6$，$\phi20^{-0.020}_{-0.033}$，$\phi20f6\left(^{-0.020}_{-0.033}\right)$，孔为 $\phi20H7$，$\phi20^{+0.021}_{0}$，$\phi20H7\left(^{+0.021}_{0}\right)$。

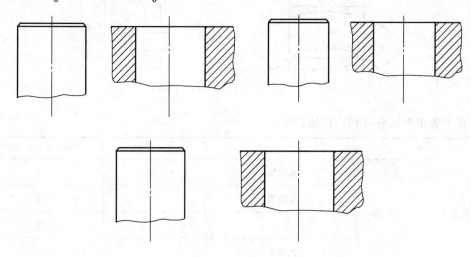

3. 在下图中标注配合公差。孔为 $\phi20H7$，轴为 $\phi20f6$。

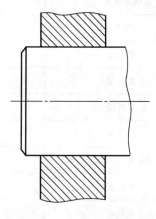

（课内）

1. 在下图 a 中，孔、轴的尺寸及公差均满足设计要求，但轴线出现弯曲，你认为装配还能达到要求吗？弯曲过大时还会出现什么情况？

2. 如果下图 b 中的两锥齿轮轴线明显不垂直，其装配能达到要求吗？严重不垂直时还会出现什么情况？

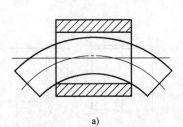

a)

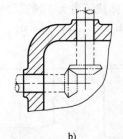

b)

**3. 在下表中画出各几何特征的符号。**

| 分　类 | | 几 何 特 征 | 符　号 | 有或无基准要求 |
|---|---|---|---|---|
| 形状公差 | 形状 | 直线度 | | 无 |
| | | 平面度 | | 无 |
| | | 圆度 | | 无 |
| | | 圆柱度 | | 无 |
| 形状、方向位置公差 | 轮廓 | 线轮廓度 | | 有或无 |
| | | 面轮廓度 | | 有或无 |
| 方向公差 | 定向 | 平行度 | | 有 |
| | | 垂直度 | | 有 |
| | | 倾斜度 | | 有 |
| 位置公差 | 定位 | 位置度 | | 有或无 |
| | | 同轴度（同心度） | | 有 |
| | | 对称度 | | 有 |
| 跳动公差 | 跳动 | 圆跳动 | | 有 |
| | | 全跳动 | | 有 |

**4. 解释下图中各几何公差的含义。**

| ○ | 0.05 | |

| ≡ | 0.10 | A |

| ⊕ | φ0.10 | A | B | C |

| — | 0.10 | |
| // | 0.15 | A |

班级_____ 姓名_____ 学号_____ 成绩_____

5. 指出下图中的被测要素是什么？

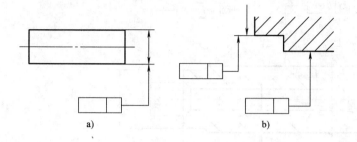

　　　　a)　　　　　　　　　　　　　　　b)

6. 指出下图中的基准要素是什么？

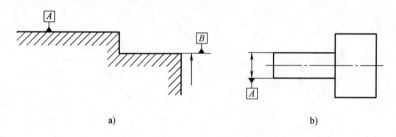

　　　　a)　　　　　　　　　　　　　　　b)

7. 写出下图中几何公差的含义（几何公差标注符合 GB/T 1182—2008 规定）。

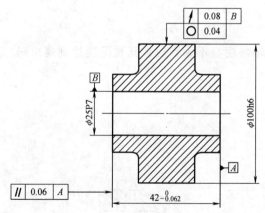

8. 写出下图中几何公差的含义（几何公差标注符合 GB/T 1182—2008 规定）。

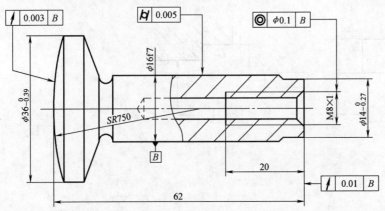

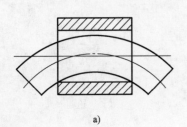

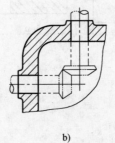

（课外）

1. 在下图 a 中，孔、轴的尺寸及公差均满足设计要求，但轴线出现弯曲，你认为装配还能达到要求吗？弯曲过大时还会出现什么情况？

2. 如果下图 b 中的两锥齿轮轴线明显不垂直时，其装配能达到要求吗？严重不垂直时还会出现什么情况？

a)                              b)

班级_____ 姓名_____ 学号_____ 成绩_____

3. 在下表中填出各符号的几何特征。

| 分　　类 | | 几 何 特 征 | 符 　 号 | 有或无基准要求 |
|---|---|---|---|---|
| 形状公差 | 形状 | | ― | 无 |
| | | | ▱ | 无 |
| | | | ○ | 无 |
| | | | ⌀ | 无 |
| 形状、方向位置公差 | 轮廓 | | ⌒ | 有或无 |
| | | | ⌓ | 有或无 |
| 方向公差 | 定向 | | ∥ | 有 |
| | | | ⊥ | 有 |
| | | | ∠ | 有 |
| 位置公差 | 定位 | | ⊕ | 有或无 |
| | | | ◎ | 有 |
| | | | ⩵ | 有 |
| 跳动公差 | 跳动 | | ↗ | 有 |
| | | | ↗↗ | 有 |

4. 解释下图中各几何公差的含义。

| ○ | 0.05 | |

| ⩵ | 0.10 | A |

| ⊕ | φ0.10 | A | B | C |

| ― | 0.10 | |
| ∥ | 0.15 | A |

5. 指出下图中的被测要素是什么？

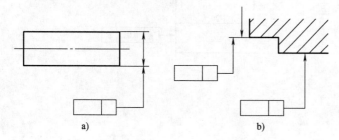

　　　　　　a)　　　　　　　　　　　b)

6. 指出下图中的基准要素是什么？

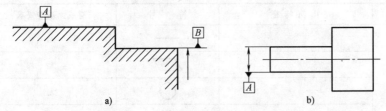

a)　　　　　　　　　　　b)

7. 写出下图中几何公差的含义（几何公差标注符合 GB/T 1182—2008 规定）。

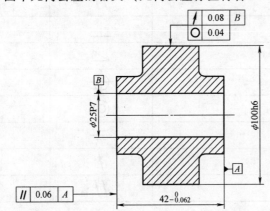

| ∥ | 0.06 | A |
|---|---|---|

| ↗ | 0.08 | B |
|---|---|---|
| ◯ | 0.04 | |

8. 写出下图中几何公差的含义（几何公差标注符合 GB/T 1182—2008 规定）。

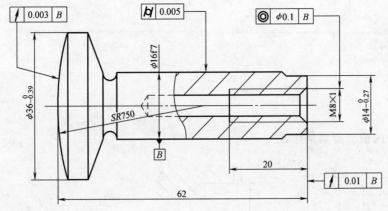

| ↗ | 0.003 | B |
|---|---|---|

| ⌭ | 0.005 | |
|---|---|

| ◎ | φ0.1 | B |
|---|---|---|

| ↗ | 0.01 | B |
|---|---|---|

（课内）

1. 什么是表面粗糙度？


2. 表面粗糙度的评定参数有哪些？其含义是什么？


3. 在下表中表面粗糙度符号意义前画出对应符号。

| 符　　号 | 意　　义 |
| --- | --- |
| | 基本图形符号，表示表面可用任何方法获得。当不加注表面粗糙度参数值或有关说明（例如，表面处理、局部热处理状况等）时，仅适用于简化代号标注 |
| | 基本图形符号上加一短横（扩展图形符号一），表示表面是用去除材料的方法获得的，如车、铣、钻、磨、剪切、抛光、腐蚀、电火花加工、气割等 |
| | 基本图形符号上加一小圆圈（扩展图形符号二），表示表面是用不去除材料的方法获得的，如铸、锻、冲压变形、热轧、冷轧、粉末冶金等，或者是用于保持原供应状况的表面（包括保持上道工序的状况）。 |
| | 完整图形符号，在基本、扩展图形符号长边上加一横线 |
| | 工件轮廓表面图形符号，在长边和横线交点处画一圆圈 |

4. 解释下表中表面粗糙度符号的含义。

| 符　　号 | 含　　义 |
| --- | --- |
| 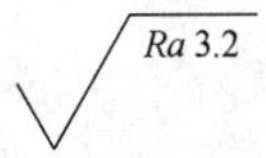 $\sqrt{}$ $Ra\,3.2$ | |
| 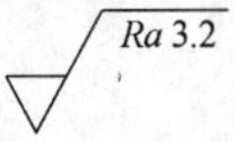 $\sqrt{}$ $Ra\,3.2$ | |
| 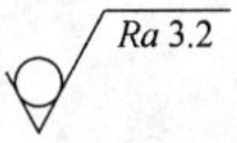 $\sqrt{}$ $Ra\,3.2$ | |
| 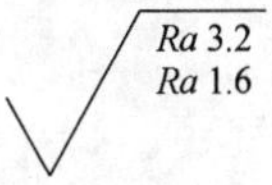 $\sqrt{}$ $Ra\,3.2$ $Ra\,1.6$ | |

5. 请说出下图中各表面粗糙度的含义（注：以下符号顺序为从上往下、从左往右）。

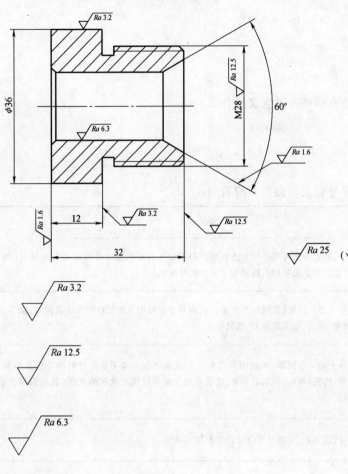

（课外）

1. 什么是表面粗糙度？

2. 表面粗糙度的评定参数有哪些？其含义是什么？

3. 在下表中表面粗糙度符号意义前画出对应符号。

| 符 号 | 意 义 |
|---|---|
| | 基本图形符号，表示表面可用任何方法获得。当不加注表面粗糙度参数值或有关说明（例如，表面处理、局部热处理状况等）时，仅适用于简化代号标注 |
| | 基本图形符号上加一短横（扩展图形符号一），表示表面是用去除材料的方法获得的，如车、铣、钻、磨、剪切、抛光、腐蚀、电火花加工、气割等 |
| | 基本图形符号上加一小圆圈（扩展图形符号二），表示表面是用不去除材料的方法获得的，如铸、锻、冲压变形、热轧、冷轧、粉末冶金等，或者是用于保持原供应状况的表面（包括保持上道工序的状况） |
| | 完整图形符号，在基本、扩展图形符号长边上加一横线 |
| | 工件轮廓表面图形符号，在长边和横线交点处画一圆圈 |

4. 解释下表中表面粗糙度符号的含义。

| 符 号 | 含 义 |
|---|---|
| 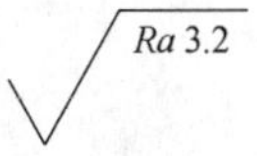 $\sqrt{}$ Ra 3.2 | |
| 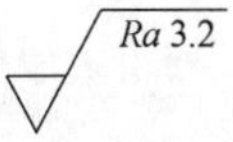 $\sqrt{}$ Ra 3.2 | |
| 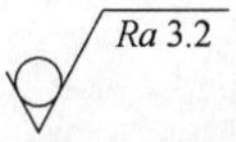 $\sqrt{○}$ Ra 3.2 | |
| 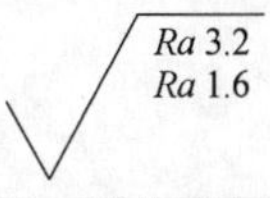 $\sqrt{}$ Ra 3.2 Ra 1.6 | |

5. 请说出下图中各表面粗糙度的含义（注：以下符号顺序为从上往下、从左往右）。

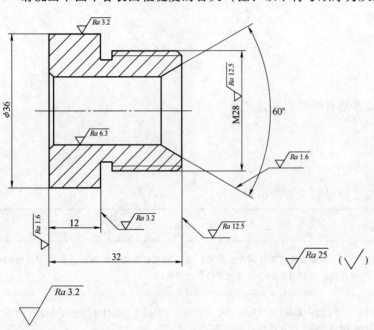

（课内）

1. 画出下面三个图中零件的主视图投射方向。

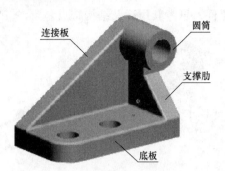

连接板　　圆筒　　支撑肋　　底板

2. 选择好主视图后，选择其他视图应注意什么？

（课内）

一、识读轴套类零件图

1. 读以下轴类零件，思考其用途及结构特点。

2. 读以下主轴零件图，其表达方法有何特点？

3. 读以下主轴零件图，其直径尺寸和长度尺寸标注基准选择有何特点？

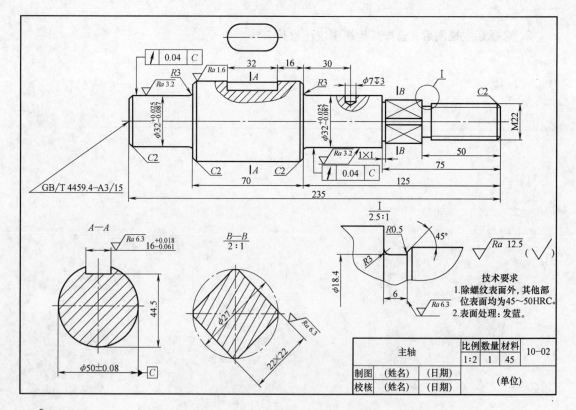

班级_____ 姓名_____ 学号_____ 成绩_____

（课内）

二、识读轮盘类零件图

1. 读以下轮盘类零件，思考其用途及结构特点。

2. 读以下轴承盖零件图，其表达方法有何特点？

3. 读以下轴承盖零件图，其直径尺寸和长度尺寸标注基准选择有何特点？

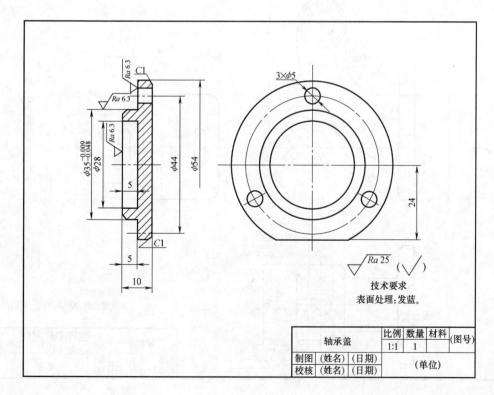

（课内）

三、识读叉架类零件图

1. 读以下叉架类零件，思考其有何用途？结构有何特点？

2. 读以下踏脚座零件图，思考其表达方法有何特点？

3. 读以下踏脚座零件图，思考其长度尺寸标注基准选择有何特点？

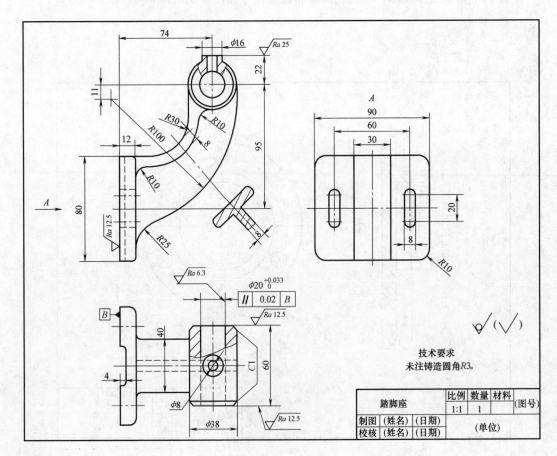

（课内）

四、识读箱体类零件图

1. 读以下箱体类零件，思考其用途及结构特点。

2. 读以下阀体零件图，其表达方法有何特点？

3. 读以下阀体零件图，其直径尺寸和长度尺寸标注基准选择有何特点？

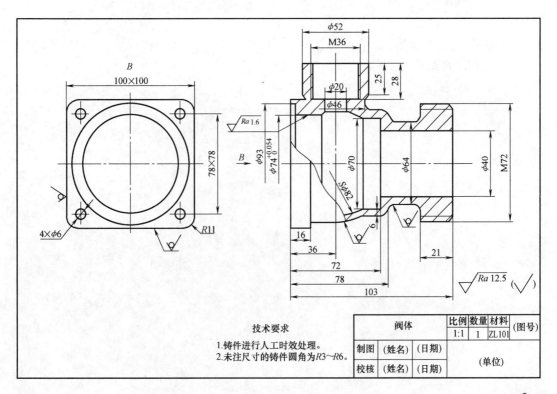

（课外）

1. 画出下面三个图中零件的主视图投射方向。

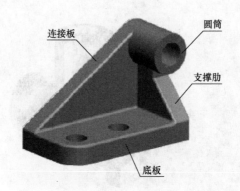

连接板　圆筒　支撑肋　底板

2. 选择好主视图后，选择其他视图应注意什么？

（课外）

一、识读轴套类零件图

1. 读以下轴类零件，思考其用途及结构特点。

2. 读以下主轴零件图，其表达方法有何特点？

3. 读以下主轴零件图，其直径尺寸和长度尺寸标注基准选择有何特点？

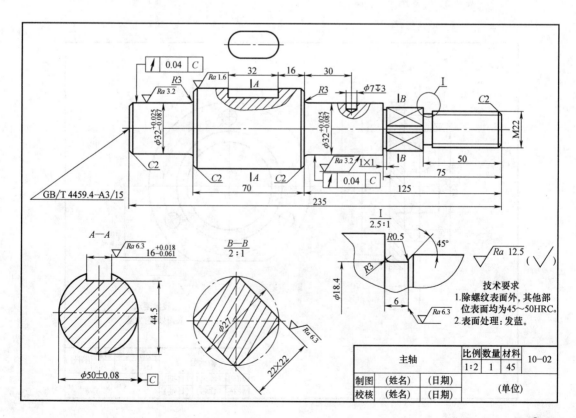

（课外）

二、识读轮盘类零件图

1. 读以下轮盘类零件，思考其用途及结构有何特点。

2. 读以下轴承盖零件图，其表达方法有何特点？

3. 读以下轴承盖零件图，其直径尺寸和长度尺寸标注基准选择有何特点？

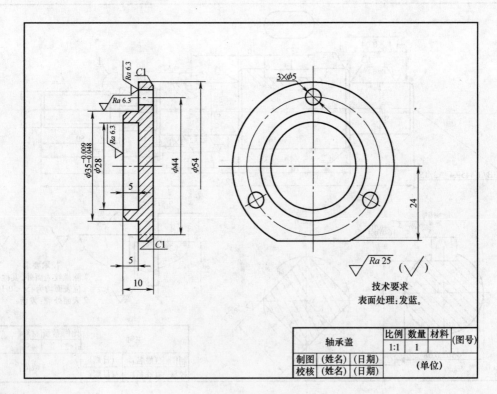

三、识读叉架类零件图

1. 读以下叉架类零件，思考其用途及结构特点。

2. 读以下踏脚座零件图，其表达方法有何特点？

3. 读以下踏脚座零件图，其长度尺寸标注基准选择有何特点？

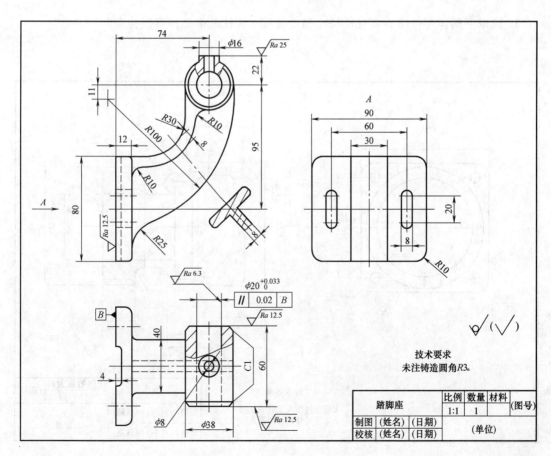

技术要求
未注铸造圆角R3。

| 踏脚座 | 比例 | 数量 | 材料 | (图号) |
|---|---|---|---|---|
| | 1:1 | 1 | | |
| 制图 (姓名) (日期) | (单位) | | | |
| 校核 (姓名) (日期) | | | | |

（课外）

## 四、识读箱体类零件图

1. 读以下箱体类零件，思考其用途及结构特点。

2. 读以下阀体零件图，其表达方法有何特点？

3. 读以下阀体零件图，其直径尺寸和长度尺寸标注基准选择有何特点？

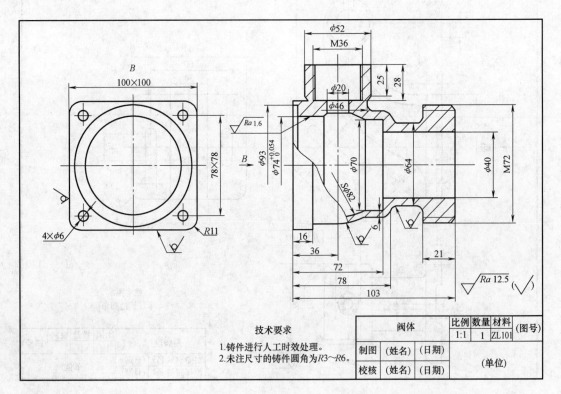

拓展练习

读懂轴类零件图，完成下列填空。

（1）该零件的基本形体是_____体，属于_____类零件；该图采用的比例是_____，其含义是_____。

（2）零件的结构形状共用_____个图形表达，其中主视图采用_____剖，另外还用了断面图和一个_____图。

（3）轴上键槽的长度是_____，深度是_____，宽度是_____，其定位尺寸是_____。

（4）沉孔的定位尺寸是_____，定形尺寸是_____。

（5）2×1.5 的意义是_____。

（6）零件上 $\phi40h6$ 的长度是_____，其表面粗糙度符号是_____。

（7）$\phi40h6$ 的公称尺寸是_____，上极限偏差是_____，下极限偏差是_____，上极限尺寸是_____，下极限尺寸是_____，公差是_____。

按 1:1 的比例画出 C—C 断面图。

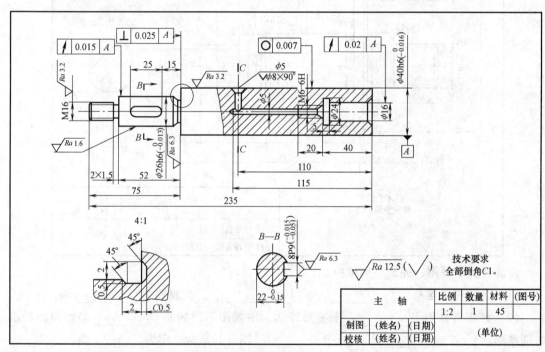

读零件图，并填空。

（1）该零件的基本形体是_____体，属于_____类零件。

（2）该零件共用_____个图形表达，基本视图称为_____图，其他图形称为_____图。

（3）$\phi 26 ^{-0.02}_{-0.04}$表示公称尺寸是_____，上极限尺寸是_____，下极限尺寸是_____，公差是_____，其圆柱面的表面粗糙度符号的意义为_____。

（4）该零件有_____处螺纹，它们的代号分别是：_____、_____。M16-7h-L 的意义是_____。

（5）图中编号为（1）的几何公差框格的含义是：基准要素为_____，被测要素为_____，公差项目为_____，公差值为_____。

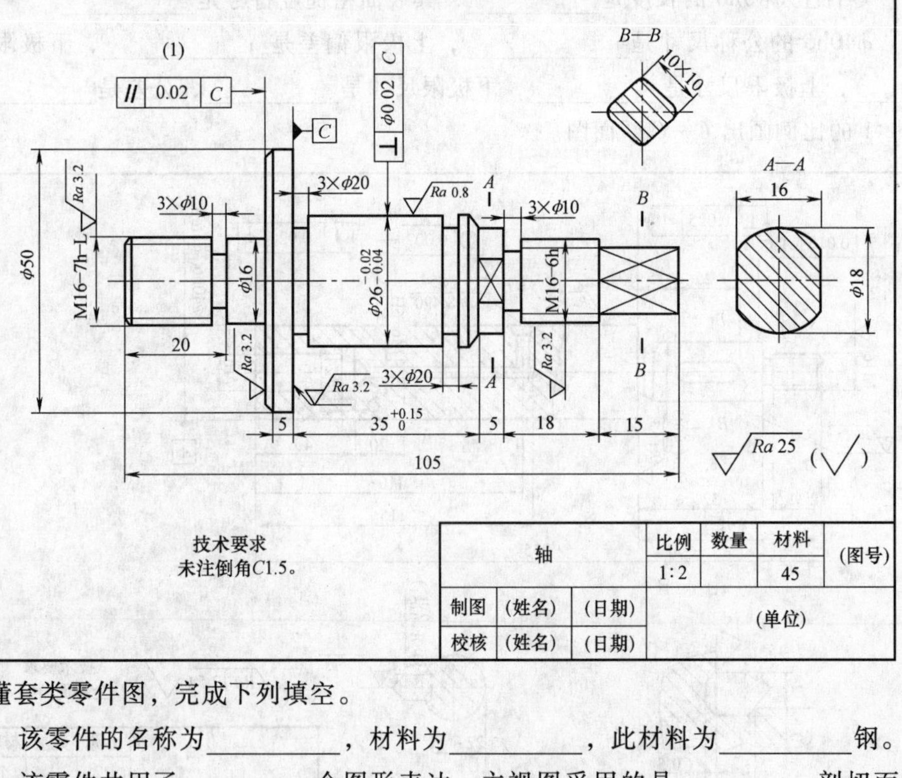

技术要求
未注倒角C1.5。

| 轴 | | 比例 | 数量 | 材料 | （图号） |
|---|---|---|---|---|---|
| | | 1：2 | | 45 | |
| 制图 | （姓名） | （日期） | | | （单位） |
| 校核 | （姓名） | （日期） | | | |

读懂套类零件图，完成下列填空。

（1）该零件的名称为_____，材料为_____，此材料为_____钢。

（2）该零件共用了_____个图形表达，主视图采用的是_____剖切面而剖出的剖视图。A—A 是_____图，B—B 是_____图，其余两个图为_____图。

（3）主视图中的两条虚线表示零件上有_____条宽度为_____、深度为_____的槽。

（4）图中 $\phi 132 \pm 0.2$ 为定_____尺寸，$142 \pm 0.1$ 为定_____尺寸，227 为定_____尺寸。

（5）图中长度为 40 的圆柱孔的直径是_____，表面粗糙度符号是_____。

（6）零件上要求表面粗糙度 Ra 值是 $0.8\mu m$ 的有_____面和_____面。

（7）A—A 图中的 $\phi 40$ 孔的表面粗糙度符号是_____。

（8）框格 ◎ φ0.04 C 表示被测部位为_____，基准要素是_____，公差项目为_____，公差值是_____。

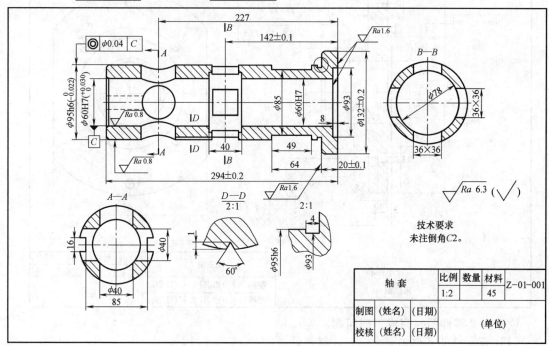

读懂法兰盘零件图，完成下列问题。

（1）该零件采用了_____、_____两个基本视图和一个_____图来表达。

（2）A—A 是_____图，主要是为了表达_____等结构。

（3）在图中指出长度方向的尺寸基准。

（4）4 × φ7 的定位尺寸是_____，定形尺寸是_____，表面粗糙度符号是_____。

（5）φ42H7 的倒角尺寸是_____。

（6）解释框格 ◎ φ0.02 B 的含义：_____。

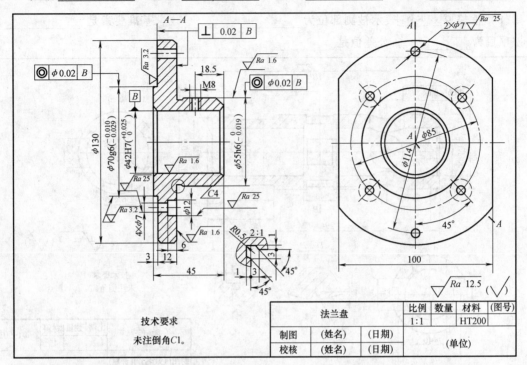

读懂拨叉零件图，完成下列问题。

（1）该零件的名称为_____，材料是_____。

（2）该零件用了_____个基本视图，*A* 向是_____视图，它主要表达_____结构形状。*B—B* 为_____视图，它主要表达_____结构形状。

（3）拨叉下方圆筒外圆的定形尺寸是_____，上方叉口的定形尺寸是_____。

（4）叉口的定位尺寸是_____，它的内、外表面粗糙度符号分别是_____。

（5）$\phi 8$ 孔的深度为_____，定位尺寸是_____。

（6）在图中指出长、高、宽 3 个方向的尺寸基准。

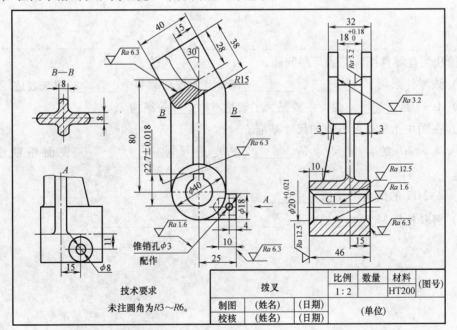

（课内）

1. 装配图有何作用?

2. 结合下面齿轮泵装配图回答一张完整的装配图应包含哪些内容?

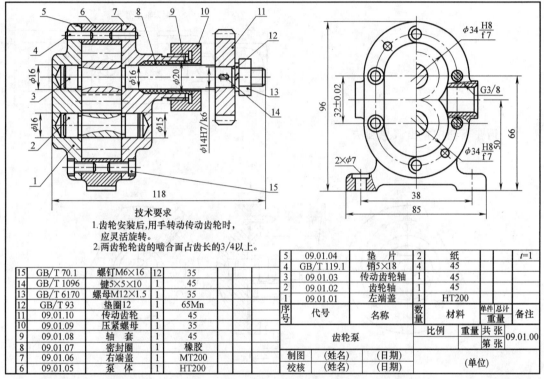

技术要求
1.齿轮安装后,用手转动传动齿轮时,应灵活旋转。
2.两齿轮轮齿的啮合面占齿长的3/4以上。

| 15 | GB/T 70.1 | 螺钉M6×16 | 12 | 35 | |
|----|-----------|-----------|----|-----|---|
| 14 | GB/T 1096 | 键5×5×10 | 1 | 45 | |
| 13 | GB/T 6170 | 螺母M12×1.5 | 1 | 35 | |
| 12 | GB/T 93 | 垫圈12 | 1 | 65Mn | |
| 11 | 09.01.10 | 传动齿轮 | 1 | 45 | |
| 10 | 09.01.09 | 压紧螺母 | 1 | 35 | |
| 9 | 09.01.08 | 轴 套 | 1 | 45 | |
| 8 | 09.01.07 | 密封圈 | 1 | 橡胶 | |
| 7 | 09.01.06 | 右端盖 | 1 | MT200 | |
| 6 | 09.01.05 | 泵 体 | 1 | HT200 | |

| 5 | 09.01.04 | 垫 片 | 2 | 纸 | | t=1 |
|---|----------|------|---|---|---|---|
| 4 | GB/T 119.1 | 销5×18 | 4 | 45 | | |
| 3 | 09.01.03 | 传动齿轮轴 | 1 | 45 | | |
| 2 | 09.01.02 | 齿轮轴 | 1 | 45 | | |
| 1 | 09.01.01 | 左端盖 | 1 | HT200 | | |

| 序号 | 代号 | 名称 | 数量 | 材料 | 单件 总计 重量 | 备注 |
|------|------|------|------|------|--------|------|

齿轮泵

| | | 比例 | | 重量 | 共 张 | |
|---|---|------|---|------|-------|---|
| | | | | | 第 张 | 09.01.00 |

| 制图 | (姓名) | (日期) | |
|------|--------|--------|---|
| 校核 | (姓名) | (日期) | (单位) |

3. 请在右图中指出至少三处零件间接触面、配合面的画法。

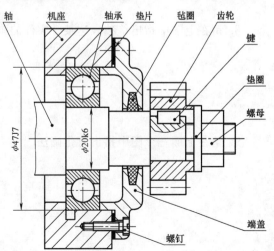

4. 请结合右图说出剖面线的画法有何规定?

5. 请结合右图说出紧固件、轴、球、手柄、键、连杆等实心零件的画法有何规定?

6. 请在右图中指出何处采用了拆卸画法，是如何画的？

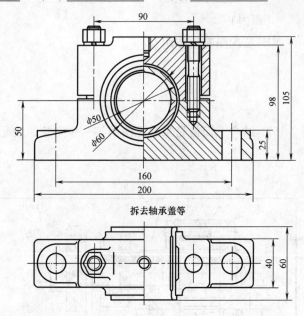

拆去轴承盖等

7. 请在下图中指出假想画法。

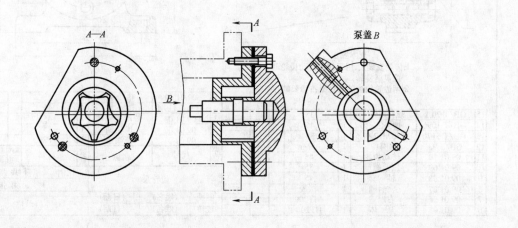

8. 请在上图中指出单独表达某个零件的画法。

9. 请在上面三个图中指出简化画法。

10. 请把书上齿轮泵装配图中明细栏内容中的 1 ~ 3 号零件填入下图中。

| 序号 | 代号 | 名称 | 数量 | 材料 | 单件 总计 重量 | 备注 |
|---|---|---|---|---|---|---|
|  |  |  |  |  |  |  |
|  |  |  |  |  |  |  |
|  |  |  |  |  |  |  |

（课外）

1. 装配图有何作用？

2. 结合下面齿轮泵装配图回答一张完整的装配图应包含哪些内容？

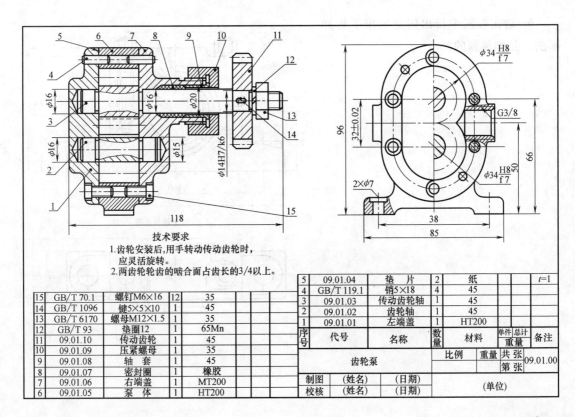

技术要求
1.齿轮安装后，用手转动传动齿轮时，
  应灵活旋转。
2.两齿轮轮齿的啮合面占齿长的3/4以上。

| 15 | GB/T 70.1 | 螺钉M6×16 | 12 | 35 |  |  |
| 14 | GB/T 1096 | 键5×5×10 | 1 | 45 |  |  |
| 13 | GB/T 6170 | 螺母M12×1.5 | 1 | 35 |  |  |
| 12 | GB/T 93 | 垫圈12 | 1 | 65Mn |  |  |
| 11 | 09.01.10 | 传动齿轮 | 1 | 45 |  |  |
| 10 | 09.01.09 | 压紧螺母 | 1 | 35 |  |  |
| 9 | 09.01.08 | 轴 套 | 1 | 45 |  |  |
| 8 | 09.01.07 | 密封圈 | 1 | 橡胶 |  |  |
| 7 | 09.01.06 | 右端盖 | 1 | MT200 |  |  |
| 6 | 09.01.05 | 泵 体 | 1 | HT200 |  |  |

| 5 | 09.01.04 | 垫 片 | 2 | 纸 |  | t=1 |
| 4 | GB/T 119.1 | 销5×18 | 4 | 45 |  |  |
| 3 | 09.01.03 | 传动齿轮轴 | 1 | 45 |  |  |
| 2 | 09.01.02 | 齿轮轴 | 1 | 45 |  |  |
| 1 | 09.01.01 | 左端盖 | 1 | HT200 |  |  |
| 序号 | 代号 | 名称 | 数量 | 材料 | 单件 总计 重量 | 备注 |

| 齿轮泵 |  | 比例 | 重量 | 共 张 | 09.01.00 |
|  |  |  |  | 第 张 |  |
| 制图 | (姓名) | (日期) |  | (单位) |  |
| 校核 | (姓名) | (日期) |  |  |  |

3. 请在右图中指出至少三处零件间接触面、配合面的画法。

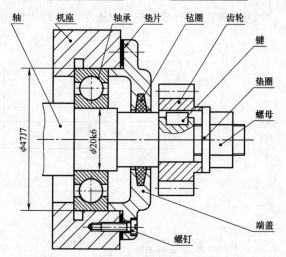

4. 请结合右图说出剖面线的画法有何规定？

5. 请结合右图说出紧固件、轴、球、手柄、键、连杆等实心零件的画法有何规定？

6. 请在右图中指出何处采用了拆卸画法，是如何画的？

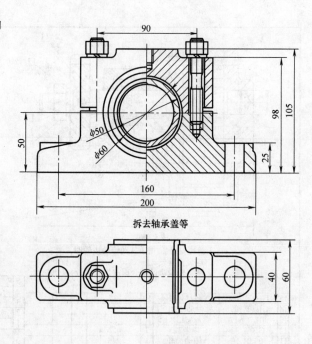

拆去轴承盖等

7. 请在下图中指出假想画法。

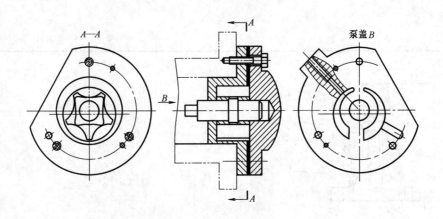

8. 请在上图中指出单独表达某个零件的画法。

9. 请在上面三个图中指出简化画法。

10. 请把书上齿轮泵装配图中明细栏内容中的 1~3 号零件填入下图。

| 序号 | 代号 | 名称 | 数量 | 材料 | 单件 总计 重量 | 备注 |
|---|---|---|---|---|---|---|
| | | | | | | |
| | | | | | | |
| | | | | | | |

拓展练习

1. 读懂支顶装配图，并填空。

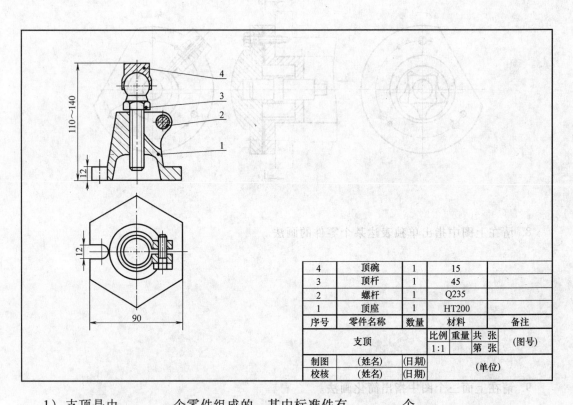

| 4 | 顶碗 | 1 | 15 | |
|---|------|---|------|---|
| 3 | 顶杆 | 1 | 45 | |
| 2 | 螺杆 | 1 | Q235 | |
| 1 | 顶座 | 1 | HT200 | |
| 序号 | 零件名称 | 数量 | 材料 | 备注 |

| 支顶 | | 比例 | 重量 | 共 张 | (图号) |
| | | 1:1 | | 第 张 | |

| 制图 | (姓名) | (日期) | (单位) |
| 校核 | (姓名) | (日期) | |

1）支顶是由_____个零件组成的，其中标准件有_____个。

2）主视图是_____剖，俯视图是_____剖。

3）3号零件是_____件，故在主视图上_____剖面线。

4）图中标注的尺寸表示支顶最高可调整到_____，最低高度为_____。

2. 读换向阀装配图。

工作原理：换向阀用于流体管路中控制流体的输出方向。在图示情况下，流体从右边进入，从下出口流出。当转到手柄4，使阀芯2旋转180°后，下出口不通，流体从上出口流出。根据手柄转动角度大小，还可调节出口处的流量。

回答下列问题。

1）本装配图共用_____个图形表达，A—A断面图表示_____和_____之间的装配关系。

2）换向阀由_____种零件组成，其中标准件有_____种。

3）换向阀的规格尺寸为_____。图中标记G3/8的含义是：G是代号，它表示_____螺纹；3/8是_____代号。

4）3×φ8的作用是_____，其定位尺寸称为_____尺寸。

5）锁紧螺母的作用是_____。

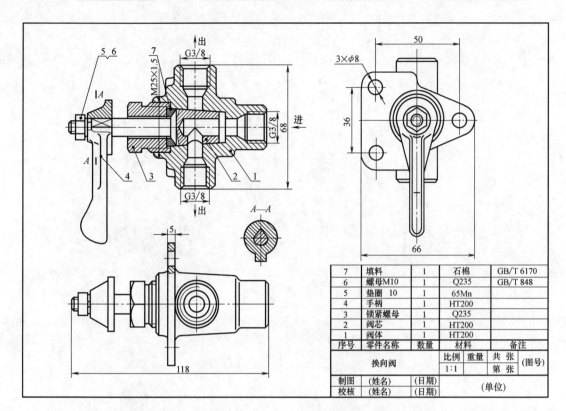

| 7 | 填料 | 1 | 石棉 | GB/T 6170 |
| 6 | 螺母M10 | 1 | Q235 | GB/T 848 |
| 5 | 垫圈 10 | 1 | 65Mn | |
| 4 | 手柄 | 1 | HT200 | |
| 3 | 锁紧螺母 | 1 | Q235 | |
| 2 | 阀芯 | 1 | HT200 | |
| 1 | 阀体 | 1 | HT200 | |
| 序号 | 零件名称 | 数量 | 材料 | 备注 |

换向阀 — 比例 1:1 — 重量 — 共 张 第 张 (图号)

| 制图 | (姓名) | (日期) | (单位) |
| 校核 | (姓名) | (日期) | |

**地址:北京市百万庄大街22号**
**邮政编码:100037**
**电话服务**
社服务中心: 010-88361066
销售一部: 010-68326294
销售二部: 010-88379649
读者购书热线: 010-88379203
**网络服务**
教材网: http://www.cmpedu.com
机工官网: http://www.cmpbook.com
机工官博: http://weibo.com/cmp1952
封面无防伪标均为盗版

ISBN 978-7-111-47455-5
策划编辑◎张云鹏 / 封面设计◎马精明

微信扫一扫
享受更多优质服务

ISBN 978-7-111-47455-5

定价: 49.00元